JN040700

ペットボトルで作った

霧箱で見える放射線と原子より小(うーんと)さな世界

山本海行

仮説社

＊本書の実験をやってみたい方へのお願い

個人で放射性物質を扱える量は法律で決まっていて，本書で使った放射性物質はすべて法律の範囲内の量を守っています。また，放射性物質の取り扱いは，安全に行ってください。詳しくは日本アイソトープ協会のウェブサイトを参考にしてください。

第0話　はじめに

霧箱と放射線

霧箱への招待

ここは名古屋科学館。黒い円形テーブルのまん中にあるのは，ガラス製の窓がついた箱のような装置です。

窓の中をのぞくと右の写真のように白い筋がたくさん見えました。科学館の説明文を読むと，この装置は「霧箱」というもので，白い筋は「放射線」だとありました。しばらく見ていると大小さまざまな白い筋が絶え間なく見えては消え，消えてはまた現れていました。

放射線は肉眼では見えません。

そのとき高校で物理を教えていた私は，この霧箱を見るたびに「目に見えない放射線をこんなふうに目で見えるようにしてくれる霧箱が教室にもあったらなあ。これなら放射線のことをもっとわかりやすく，たのしく教えられるんじゃないかな」と思っていました。しかし，何百万円もするこんな大がかりな装置を，学校では買ってくれないよな，とも思っていました。

ところがある日，私は名古屋大学の素粒子研究室のホームページで，名古屋大学客員研究員の林熙崇(ひろたか)さんが考案された霧箱のことを知りました。

その霧箱の説明には「放射線がバンバン見える」とあり，さらに「ペットボトルで簡単に作れる」というのです。

私は，教材用の霧箱はいくつか使ったことがありますが，どれも「放射線がバンバン見える」ということはありませんでした。林さんの霧箱についても半信半疑でしたが，ためしにその説明の通りに作ってみました。

自作の霧箱

右下の写真が私の作った霧箱です。できるだけ大きくしようと 4 L のペットボトル(焼酎などが入っている大きなペットボトル）で作ったので，直径は 13cm あります。(霧箱の作り方は 50 ページの「霧箱をつくってみよう」にあります）

この霧箱にエタノールとドライアイスをセットして，上から LED ライトで照らしました。しばらく見ているとたくさんの白い筋が現れ，それはまるで科学館の霧箱を見ているようで，私はとても感動しました。

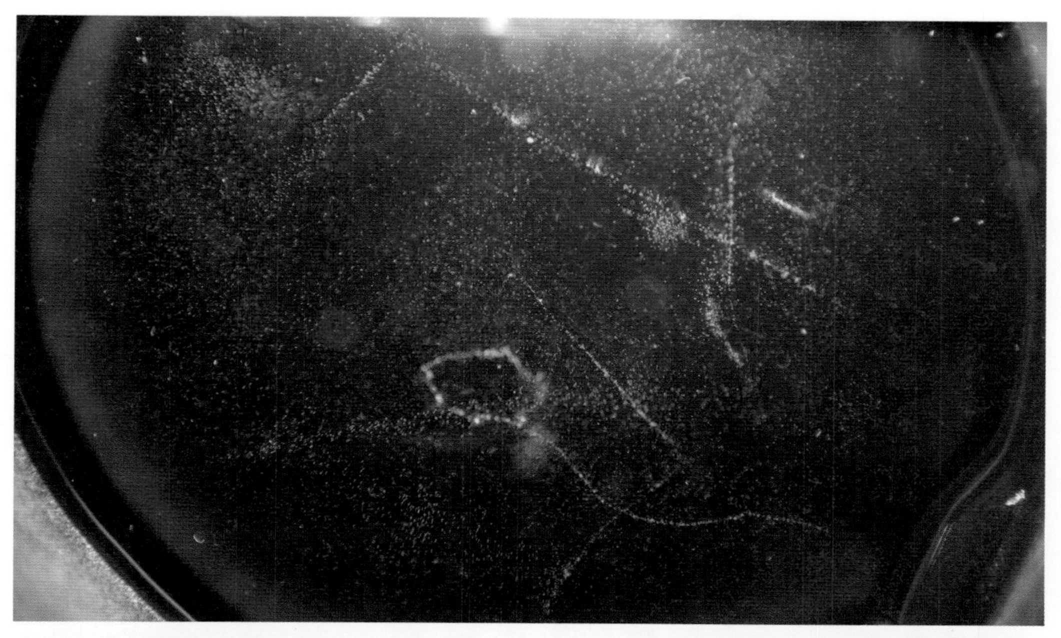

この霧箱なら材料を全部揃えても1000円ぐらいです。それで科学館の霧箱と同じように白い筋が見えるのですから，素晴らしい発明です。しかも，ただ観察するだけでなく，この霧箱には中にいろいろなものを入れて実験できるのではないかと私は思いつきました。そう思うと，どんどん実験のアイディアが浮かんできました。

そこで私はこの霧箱に夢中になって実験をはじめてしまいました。

実験が一区切りしたとき，私がやった実験について調べてみると，ほとんど誰もやったことがなく，どこにも紹介されていないことが分かりました。そこで私は自分のやった実験を写真に撮り，知人に見てもらいました。すると知人も感動して，私の実験を一緒に楽しんでくれるようになりました。

この本はこうしてできた，写真を見ながら〈目に見えない放射線の世界〉を楽しむ本です。私と一緒に未知の放射線の世界を見ていきましょう。

ペットボトルで作った
霧箱で見える
放射線と原子より小さな世界

もくじ

第０話　はじめに──霧箱と放射線　3
霧箱への招待／自作の霧箱
もくじ　7

第１章　霧箱で見えるもの

第１話　放射線を霧箱で見る　12
霧箱で見えるもの／白い筋の正体／放射線が飛んだ後にできる白い筋＝飛跡／白い筋と静電気／クイズ：飛跡の順番は？／コラム「霧箱の発明」

第２話　もう一つの放射線の飛跡　20
もう一度，石から出る放射線を見る／石をアルミホイルで包んだら／石から出ている２つの放射線＝アルファ線とベータ線／放射線の正体をさぐる実験／霧箱全体に磁力を加える／アルファ線とベータ線の違い／第三の放射線

第３話　放射線と原子　29
エックス線の発見と蛍光の研究／ウランガラスの蛍光を見る／ウランの光線は写真に写るか──ベクレルの実験の追試実験／ベクレルの実験の結果／〈ウランを含んでいる〉とはどういうことか／放射線を出す原子の発見

第４話　放射線が原子から出るのはなぜか　35
ラザフォードとソディの実験／３週間後の結果を確認する／すごい仮説①原子は壊れ，変身する／すごい仮説②変身の速さは原子によって違う／次に起こる変身を霧箱で見る／ラザフォードとソディの仮説と証明／放射線を出す原子は自然に壊れていく

第５話　霧箱で見る原子の変身　43
ラジウムの変身を霧箱で見る／予想外の現象に出会う／トリウムが変身した気体を集める実験／変身速度の違い──V字の飛跡／半減期という言葉

霧箱をつくってみよう　50

放射線はどこからどうやってくるのか

第６話　空っぽの霧箱を見てみれば　58
空っぽの霧箱を観察する／空っぽの霧箱をしばらく見ていると……／世界一大きな霧箱を見る／放射線の飛跡を数えてみる実験／ペットボトル霧箱と比べてみる／霧箱で放射線の活発さを比べる実験／「放射能」という言葉／放射能・放射線に関する言葉の整理／放射能（放射活性）の大きさを表す単位＝ベクレル／放射能（放射活性）を測る実験

第７話　放射線はどこから来るのか　68
放射線は地球の中から出ているのか？／岩石がたくさん使われている場所で測ってみる／海の上の放射線はどうなるか／温泉の放射線の発見／ラジウム温泉で霧箱を見る／静電気で身の回りの放射性原子を集める／原発事故で身の回りの放射線が100倍になったところで霧箱を見る／いろいろな放射性原子／どうやって原子を区別するか／カリウム原子の同位体が出す放射線を霧箱で見る

第８話　宇宙の中の地球と放射線　81
東京タワーで放射線を測る／飛行機の中で放射線を測る／山の上で霧箱を見る／実験：宇宙線に磁力をかけてみる／実験：鉛板を貫く宇宙線を見る／宇宙線が作った放射線のシャワーを見る

霧箱で原子より小さい世界を見る

第９話　原子の中はどうなっているか　90
金箔にアルファ線をぶつける／はね返されるアルファ線／原子の中を想像する／ラザフォードの出した答／アルファ線の空中衝突をさがす

第 10 話　原子核の中へ　97
原子核を回る電子を見る／ベータ線との違い／吹っ飛ばされる電子／ 10兆倍の原子核模型／水素原子の原子核にアルファ線をぶつける／窒素原子にアルファ線をぶつける／原子の種類が変わる／プロトン（陽子）の発見──原子核は陽子が集まった粒かもしれない／チャドウィックの予想／見えない粒をさがす実験／原子核を形作る２種類の粒／アルファ線とヘリウムの原子核／霧箱にヘリウムガスを入れてアルファ線をヘリウムの原子核と衝突させる実験／原子核の粒と同位体

第 11 話　さらに原子より小さな粒へ　112
実験：陽電子を見る／原子核から電子が出てくる理由は難しい／さらに見えない粒を探す／反粒子（反物質）の発見／宇宙で物質が作りだされる瞬間を見る／究極の粒を探して

巻末

付録① 霧箱が展示されている全国の施設 119

付録② 放射線年表 付：科学者の生没年グラフ 120

付録③ 文献と補足説明──もっと研究したい人のために 122

霧箱に関係したもの／霧箱の発明者チャールズ・ウィルソンに関係したもの／放射線の研究史に関係したもの／アルファ線を曲げる磁場について／自然放射線について／放射能という言葉／福島の原発事故／原子の写真／年表を作るのに使ったもの／ウランガラスについて／霧箱ということばの歴史／陽子ということばの歴史／授業プランに関するもの／放射線を出す石について／飛跡の交差について

あとがき 138

謝辞 140

奥付 141

撮影と略図：山本海行
装丁と本文レイアウト：平野孝典（街屋）

第1章
霧箱で見えるもの

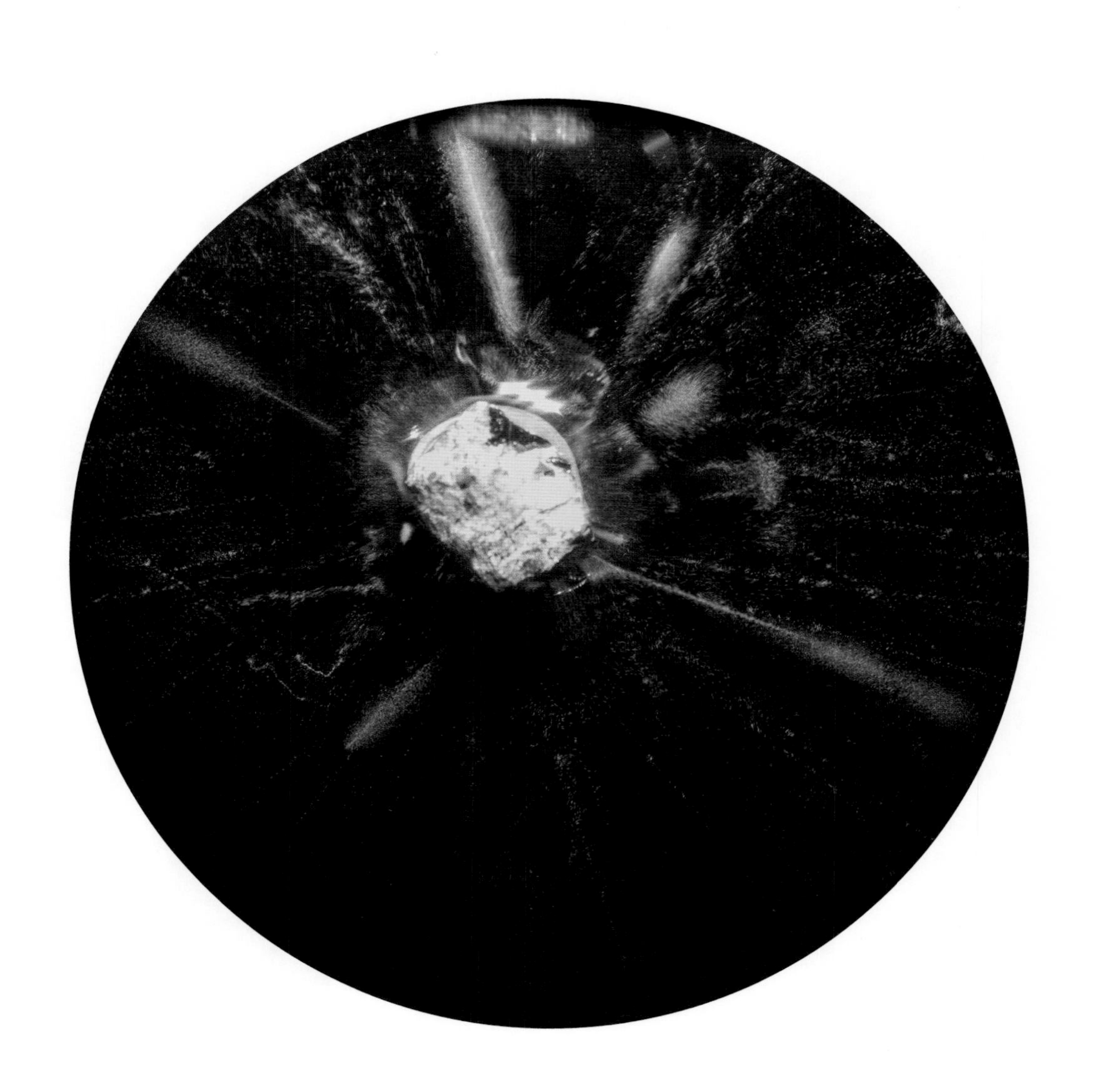

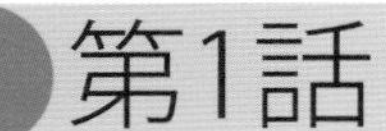

第1話 放射線を霧箱で見る

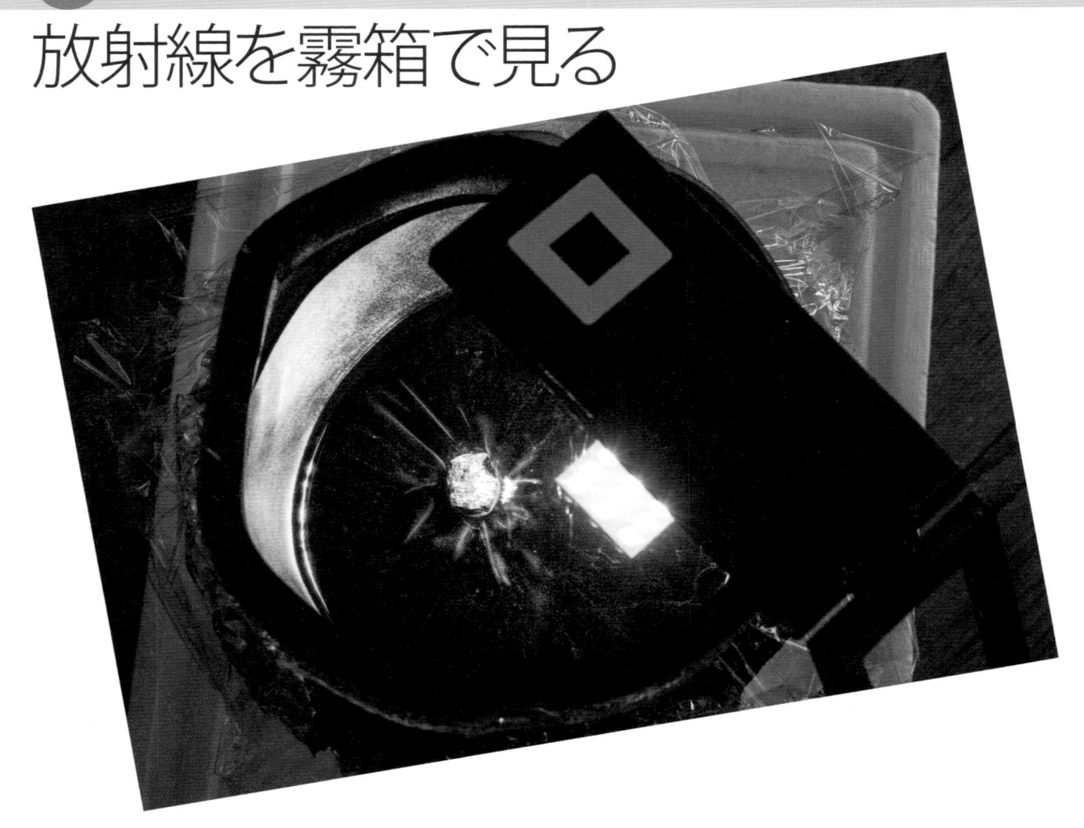

霧箱で見えるもの

上の写真は，私が作った霧箱の中を LED ライトで照らして見たところです。霧箱の底には「ポリクレース」という放射線を出す石を入れています。

霧箱の中に石を置くと，科学館の霧箱で見たような白い筋を四方八方に出しますが，霧箱の外に出すと何も見えないし，何かが飛び出す音もしないし，においもありません。

ポリクレース（ほぼ原寸大）

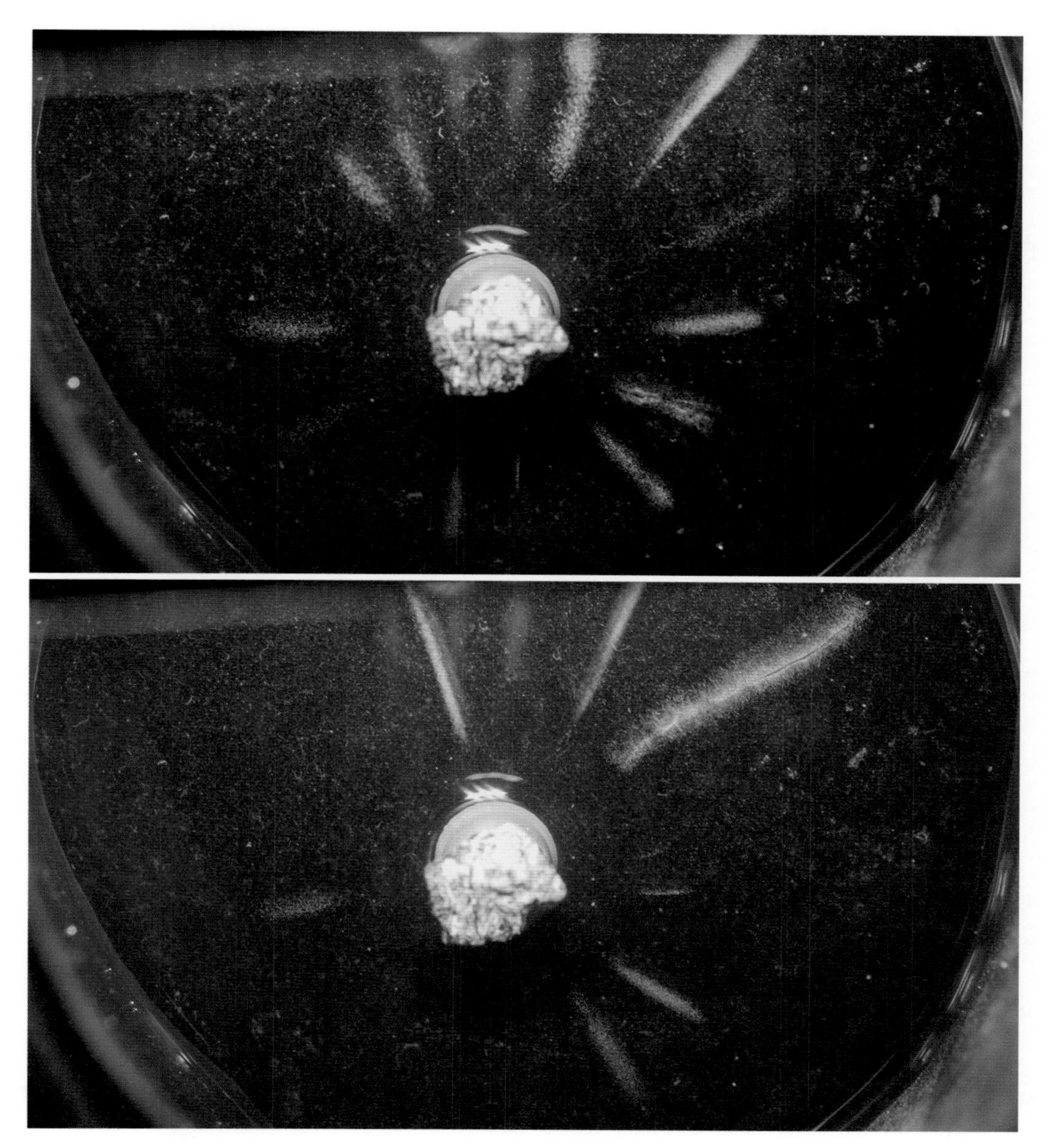

石から出ている何か（放射線）は霧箱の中でだけ見えるのです。では，どうして霧箱の中では放射線が白い筋として見えるのでしょうか。

白い筋の正体

下の写真は，白い筋を拡大して撮影したものです。

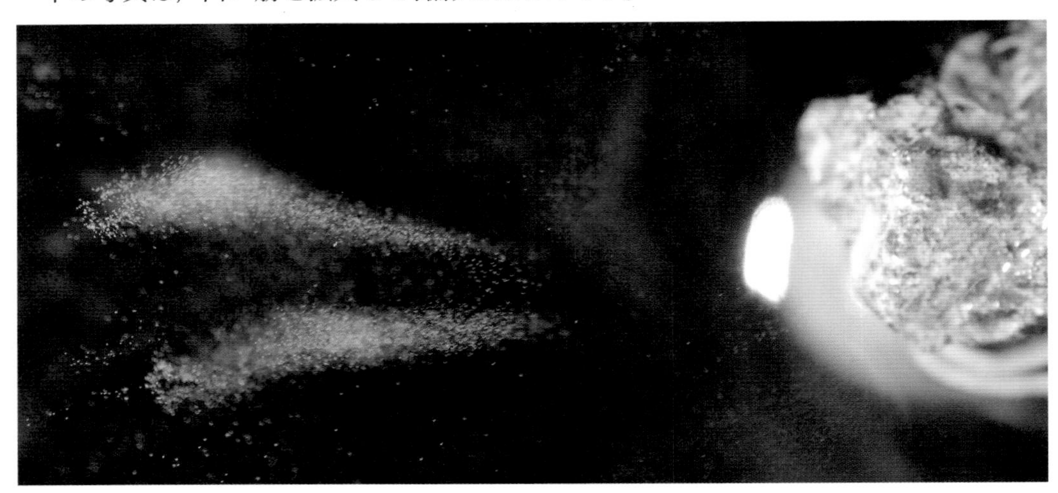

さらに，白い筋だけをうんと拡大した写真です。

白い筋のように見えていたのは小さな霧粒の集まりです。放射線とこの霧粒はどんな関係があるのでしょう。それを確かめるにはどうしたらよいでしょう。

放射線が飛んだ後にできる白い筋＝飛跡

科学者は霧箱の中で見える〈放射線が通った後にできる白い筋〉のことを「飛跡(ひせき)」と呼んでいます。「放射線が飛んだあと（跡）」という意味です。霧箱は，放射線が飛んだ跡＝通りみちを白い霧粒の集まりとして目に見えるようにしてくれる装置なのです。

白い筋と静電気

ある日，私は石を霧箱に入れっぱなしにしてしまい，１時間ぐらいあとで見たら石から白い筋が出なくなっていました。「石が放射線を出さなくなってしまったのかな」と思ってあれこれやっていると，霧箱のふたに指が触れた瞬間に白い筋がまた現れました。おもしろい現象だったので私は何回も試してみました。

石を入れっぱなしにした時

指でふれた瞬間

「そうか，霧箱にたまっていた静電気が指から逃げると，また白い筋が復活するんだ！」。これを見て私は放射線と静電気には大きな関係があることを思い出しました。私は放射線が空気の中を飛ぶと，その通り道に，あの〈物と物とこすり合わせると起きる静電気〉ができることを知っていました。静電気と白い筋には大きな関係があるようです。そこで，白い飛跡は静電気が霧粒を集めているからではないかと予想して，こんな実験を考えてみました。

まず放射線を出す石を二つ置いて，そこから出る放射線が，交差するのを待ちます。そして白い筋が交差した瞬間の変化を調べるのです。私の予想は「先に通過した放射線が起こした静電気が霧粒を集めてしまい，交差した部分の霧粒は足りなくなる。だから，後から飛んだ放射線が静電気を起こしてもそこだけ白い筋ができない」です。

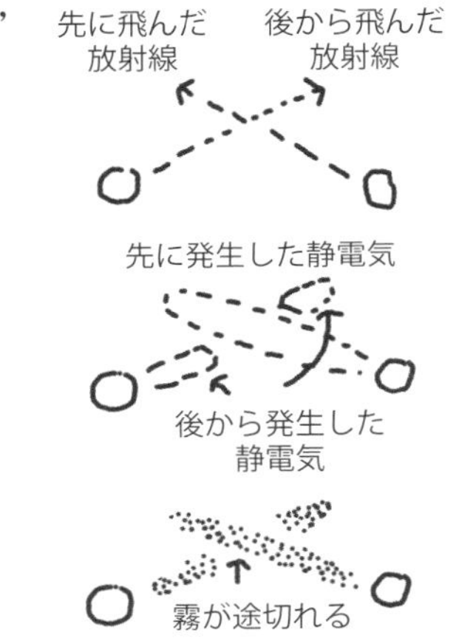

さあ，どうでしょう。

あ，続けざまに白い筋が二つできました。後から出た白い筋は，交差した部分だけが途切れていました。

予想通りでした！

その後も観察を続けましたが，一つの飛跡を横切って他の飛跡ができるときは，あとからできた飛跡は重なったところだけ途切れました。やはり交差した場所は，霧粒が一時的に不足した場所になっていたようです。

クイズ：飛跡の順番は？

写真を撮り続けていたら，こんな写真が撮れました。私はこの瞬間を見ていたので，飛跡がどういう順番で現れたか知っています。

A･B･C はどんな順番に現れたでしょうか？

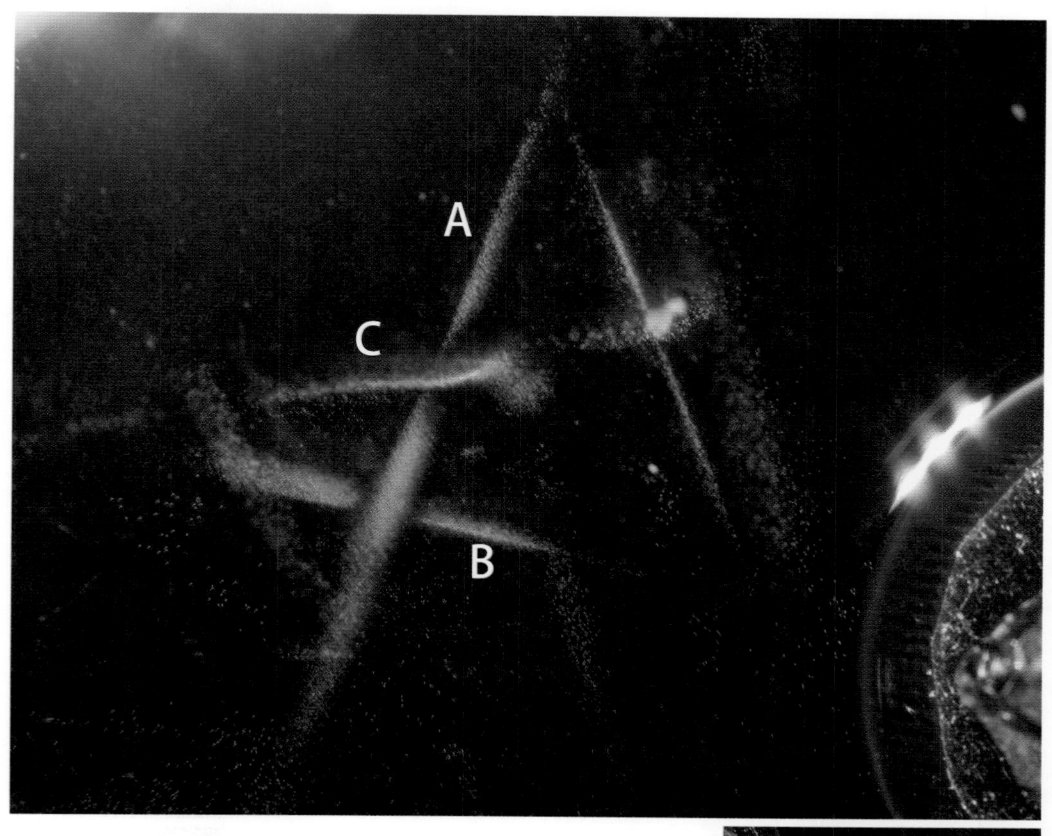

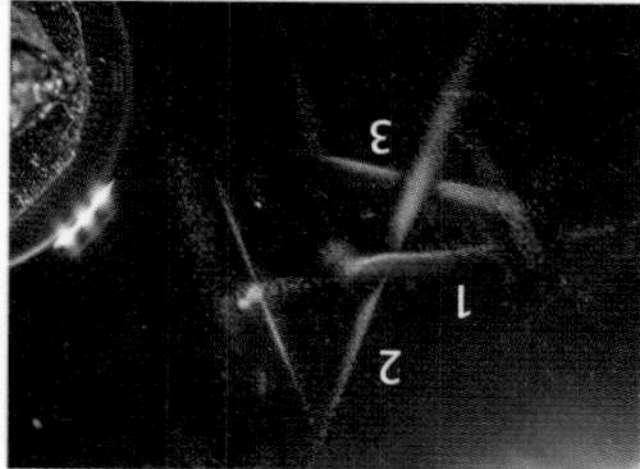

答え

1番目「C」，2番目「A」，3番目「B」

霧箱の発明

Science Photo Libraryより

霧箱は今から100年ほど前にイギリスの科学者チャールズ・ウィルソン（1869～1959年）によって発明されました。彼は25歳の時の夏，気象研究のために山に登ったときに見た，雲が作る美しい光景に感動し，雲の研究を始めたのだそうです。

彼が研究を始めた1890年代は，霧や雲ができる原因として「空気中にただよう小さなチリやホコリが中心となって霧粒ができる」という考えと，「チリやホコリが無くても霧粒ができる」という考えが対立していました。

ウィルソンは「どちらの説が正しいか決着をつけよう」と考えて，外からチリやホコリが絶対入り込まない実験装置を自作して，空気中に霧粒を作る実験を重ねました。そして，どんなに空気からチリやホコリを取り除いても霧粒ができることを発見しました。ウィルソンは「チリが無いときに霧粒を作る原因になっているのは，空気に自然に発生した静電気が，目に見えないほどの小さな水の粒を引き寄せて水滴を作っている」ということを発見しました。少しの静電気があれば，空気中に霧粒ができやすくなることをウィルソンは確かめたのです。

ちょうどその頃ドイツの科学者レントゲン（1845～1923）が〈体の中を通り抜けて骨を写しだしてしまう謎の光線〉を発見し（1895年），多くの人の注目を集めていました。今では〈エックス線〉と呼ばれている放射線のことです。

ウィルソンは「エックス線が当たった物体は静電気を帯びる」ということを知って，自分の作っていた「空気中に霧粒を作る装置」にエックス線を当てて，霧粒ができるかどうか試してみました。そして予想通り「エックス線が当たった部分の空気に濃い霧ができる」ことが分かり，彼は大変うれしく思ったそうです。

ウィルソンが霧の実験をしていたのは放射線の新発見が相次いでいた時代でした。

ウィルソンは「放射線が飛んだときにつくる静電気を〈目に見える霧粒〉として観察できるかもしれない」と思いつきました。そして彼は実験装置を改良して，1911 年に放射線が飛んだ跡を写真に写すことに成功しました。次の写真はそのときウィルソンが発表した写真です。これは人々がはじめて目にした放射線の飛跡でした。

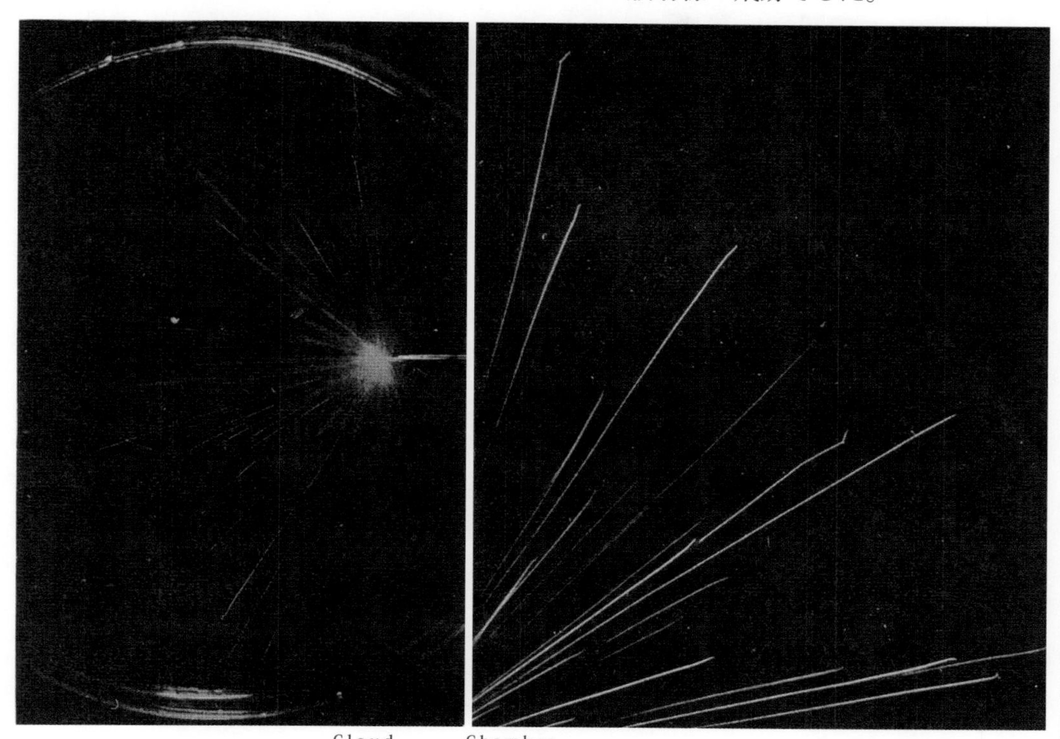

彼はその実験装置を「クラウド（Cloud）・チェンバー（Chamber）」と名付けました。日本語では「霧箱」と呼ばれています。彼の霧箱は私たちの霧箱と違って真空ポンプを使う手間のかかる大がかりなものでした。飛跡が見えるのは 1 秒たらずでしたし，一回動かすと次の準備に 15 分ほどかかりましたが，今まで見えなかった放射線が見えるようになったので，科学者たちは彼の装置を放射線の研究に使うようになりました。

ウィルソンは 1927 年にこの発明でノーベル物理学賞をもらいました。

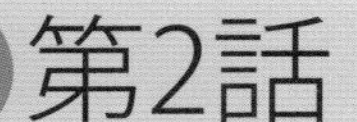

第2話

もう一つの放射線の飛跡

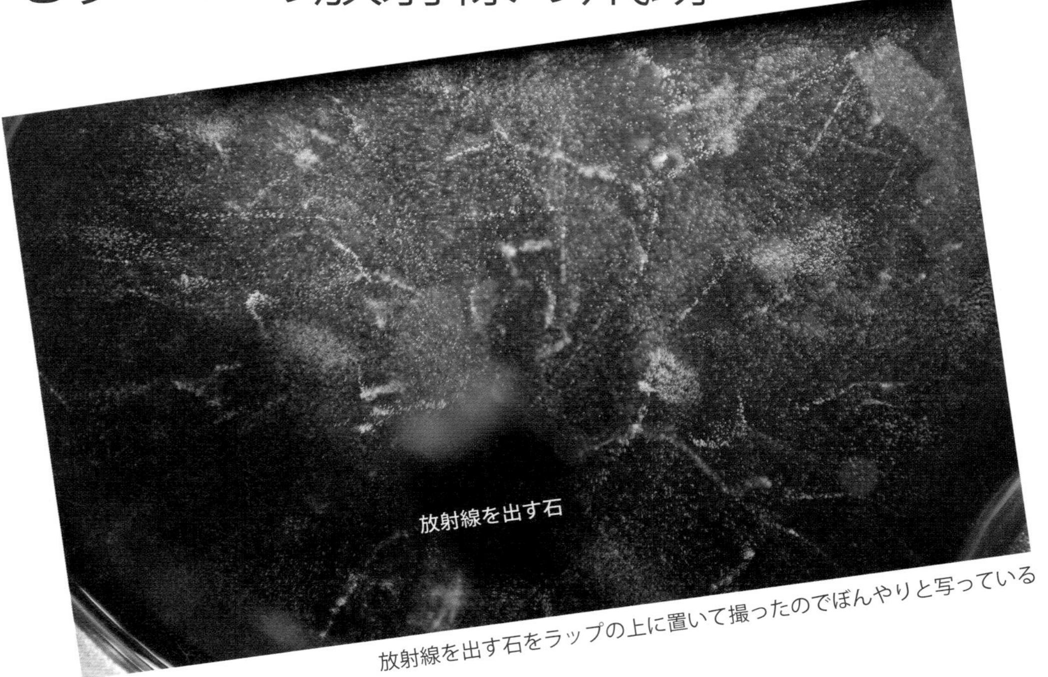

放射線を出す石をラップの上に置いて撮ったのでぼんやりと写っている

写真を見てください。この飛跡は，これまで見てきたものとは少し違っています。

実はこの写真，「放射線を出している石をラップの上に置いたらどうなるだろう」と思ってやってみた実験でした。霧箱の中に入れて撮った時の飛跡より，ずいぶん細くて薄くたくさん見えたので，急いで写真を撮りました。

「この飛跡も石から出ている放射線だろうと思うけど，どうだろう」と，石をラップから離したり近づけたりしてみました。すると，霧箱の中の飛跡も減ったり増えたりしたので，この飛跡も石から出ている放射線のようでした。

では，もう一度，石を霧箱の中に入れてみましょう。

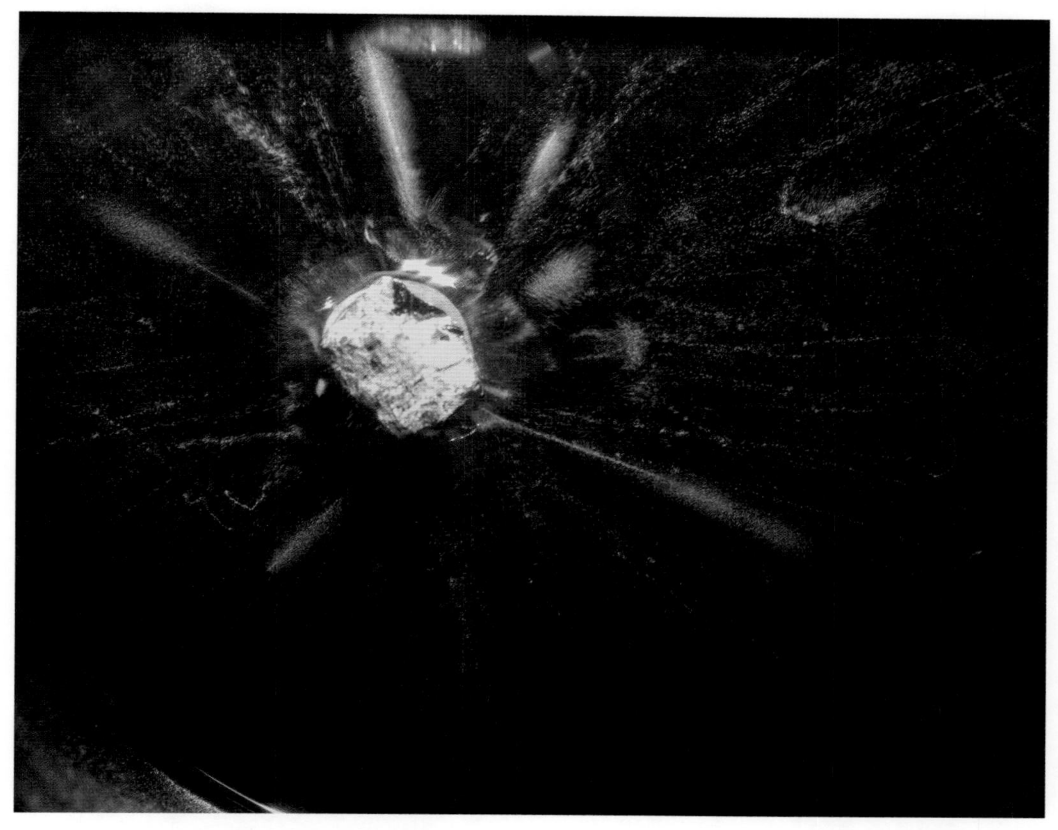

もう一度，石から出る放射線を見る

さっきまでは気づきませんでしたが，よく見ると，石から出ている飛跡には濃くてまっすぐ飛ぶ飛跡と，細くて薄い飛跡があります。しばらく見ていると，濃い飛跡が多くなると細い飛跡は隠されて目立たなくなり，濃い飛跡が少ないときには，特に細い飛跡がよく見えました。

では，石を霧箱の外に出してラップの上に乗せたとき，霧箱の中には細い飛跡ばかりが見えたのはなぜでしょう。私は「濃い飛跡の放射線はラップを通過できなくて，細い放射線だけがラップを通過して霧箱の中に入った」と予想しました。では，ラップより厚みのあるアルミホイルで石の放射線をさえぎったらどうなるでしょう。

石をアルミホイルで包んだら

実験してみましょう。

霧箱をアルミホイルでふたをして，その上に石を乗せて……いや，その方法ではダメです。霧箱の中が見えなくなるので，実験の結果がわかりません。そこで，石をアルミホイルで包んで霧箱に入れてみることにしました。

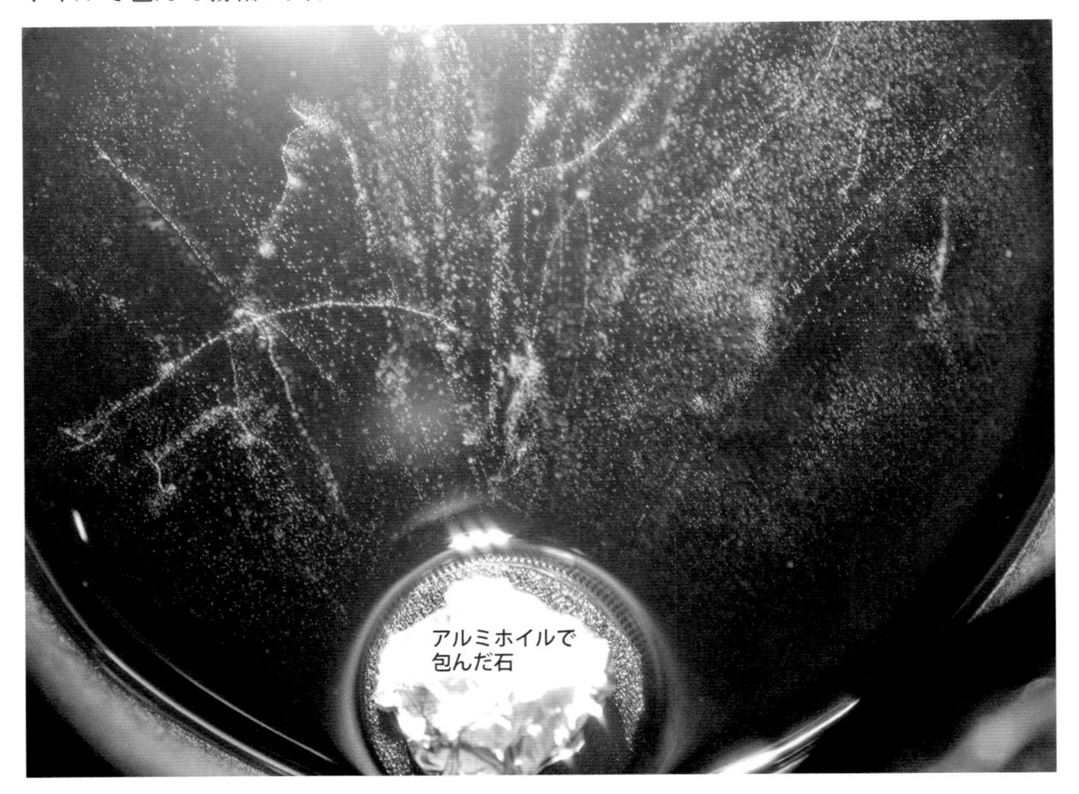

ラップの実験のように，細い飛跡がたくさんできました。

細い飛跡が飛んでいるということは，放射線はアルミホイルを通りぬけているようです。それなら，もっと厚みのあるアルミニウムでさえぎったらどうなるでしょう。

ちょうど手元に厚さ 1 mm のアルミニウムの筒があったので，その中に石を入れて実験してみます。太い飛跡だけでなく，細い飛跡もなくなるでしょうか。

霧箱の中には太い飛跡も細い飛跡も見えなくなりました。放射線は 1 mm のアルミニウムを通り抜けられなかったようです。

石から出ている２つの放射線＝アルファ線とベータ線

サランラップとアルミニウム（ホイルと筒）の実験から，「石から出る放射線には濃くて太い飛跡と，細くて薄い飛跡をつくるものがある」ということと，それらは「ものを通り抜ける程度が違う」ことがわかりました。

調べてみると，イギリスの科学者アーネスト・ラザフォードが 1899 年に「放射線には，ものを通りぬける程度の違う２種類が混じっている」と発見していました。そして，ごく薄いものしか通り抜けられない放射線を「アルファ線（α線）」，それよりも厚いものを通り抜けられる放射線を「ベータ線（β線）」と名付けていました。

私たちの霧箱では，濃くてまっすぐ飛んでいく飛跡を作る放射線がアルファ線で，細くて薄い飛跡を作る放射線がベータ線です。

アルファ線（α線）の飛跡

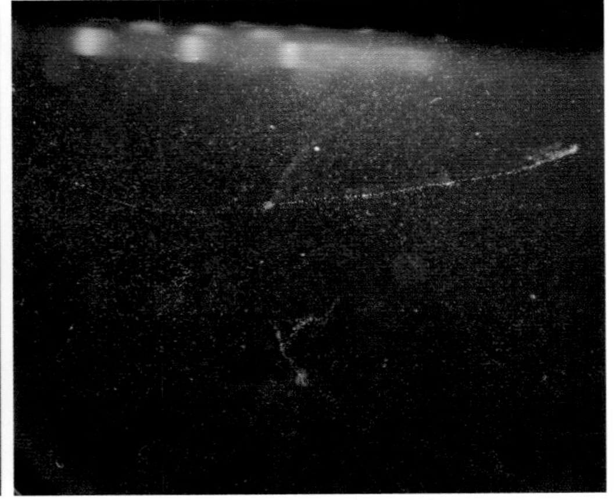
ベータ線（β線）の飛跡

放射線の正体をさぐる実験

これまで私たちは霧箱の中にあらわれる，〈飛跡（ひせき）〉と呼ぶ小さな霧粒の集まりでできた白い筋模様を手がかりに，「アルファ線はラップ１枚でも通りぬけられない」などと，石から出る見えない何かの正体を調べてきました。

しかし，実際にはどんなものが石から出ているのでしょうか。100年前の科学者もそのことが気になって，その正体を確かめるさまざまな実験をしてきました。それらのことを調べるうちに私は，「霧箱ならその実験を再現して，この目で見ることができそうだ」と思えてきました。

＊

その当時の科学者たちは「放射線に磁力を加える実験」を行いました。それは，放射線が〈重さを持った粒〉なのか〈重さの無い光の一種〉なのかを探るためでした。当時はまだ霧箱が使えないので，目に見えない放射線の正体を探るには，予想を立てて一つ一つ実験して確かめて想像していくしかありません。

「放射線に磁力を加えてみる」と何が分かるのでしょうか。実は，電気や磁気の法則では「電気を持った粒（静電気を帯びた粒）が磁力のある中を動くと進む方向が変わる」ということが知られていました。

もしも石から出る放射線が磁力によって進む方向が変わったら，「放射線は静電気を帯びた粒が飛んでいる」と考えることができます。一方，磁力を受けても進む方向が変わらなければ，「放射線は静電気ゼロ（プラスでもマイナスでもない）の粒」か「重さや電気のない光の仲間」と推測することができます。それは放射線の正体を知る大きな手がかりになります。

そこで私も，「霧箱全体に強い磁力を加える実験」をやってみることにしました。

霧箱全体に磁力を加える

右の写真は私が作った実験装置です。霧箱がすっぽり入る筒に太い電線を何百回も巻いたものです。この電線に大量の電流を流すと，強力な電磁石になります。そして筒の底には直径 6 cm のネオジム磁石を置きました。

この磁石は鉄にくっつくと，引きはがすのにすごい力が必要です。また，磁石が鉄にくっつく時，指をはさんでしまうと怪我する恐れがあるぐらい「取扱注意」な強力磁石です。そんな強力なネオジム磁石で電磁石の力を補います。

あとは，この「手作り電磁石＋ネオジム磁石」の筒の中に霧箱を入れてみるだけです。霧箱の中に石を入れて，磁力をかけたとき，はたして飛跡が曲がるのかどうかを実験します。さぁ，電源装置に電線をつないでスイッチを入れました。

飛跡が曲がりました！　でも，２つの飛跡の曲がり方が違っています。

細いベータ線は右側に大きく曲がっていますが，濃いアルファ線はほんのわずかに左側に曲がっただけです。

濃い飛跡があると細い飛跡が見にくいので，石を霧箱のふたのラップの上に乗せて，霧箱の中をベータ線だけ（次ページの写真）にしてみました。

ベータ線の飛跡は磁石の力を受けて，くるくるとよく曲がっているのがわかります。

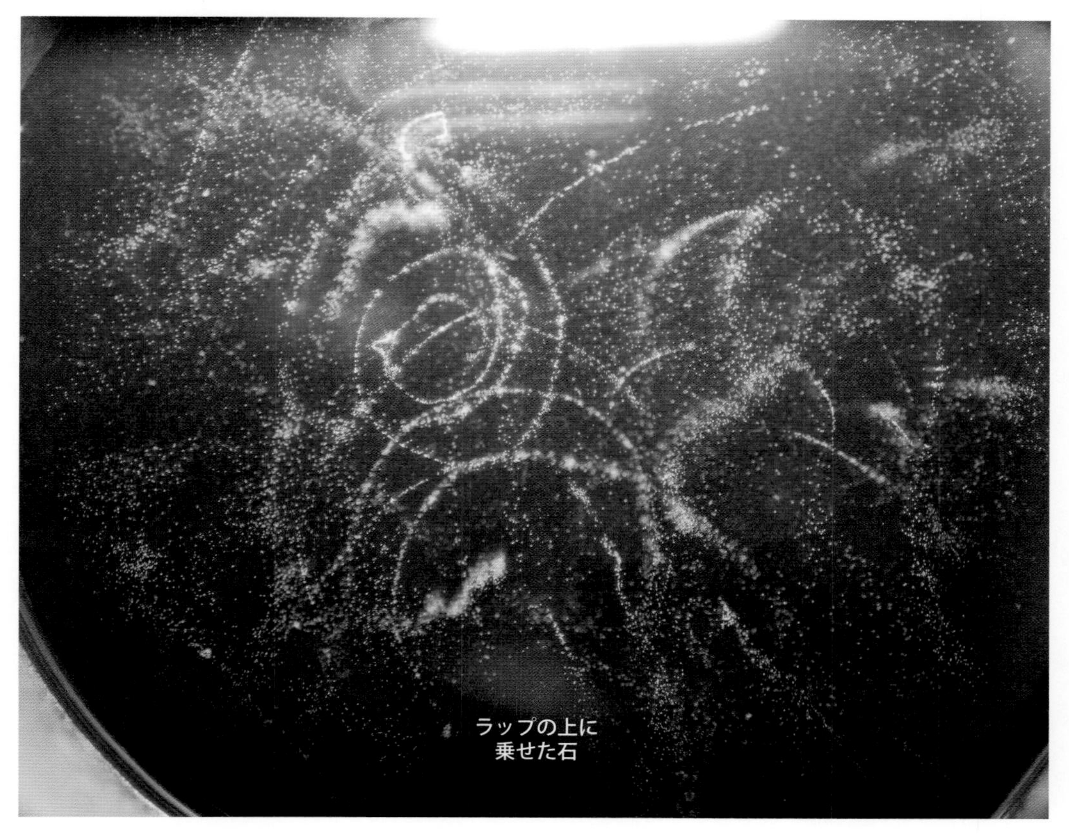

アルファ線とベータ線の違い

アルファ線とベータ線の２つの飛跡は，磁石の力によって進路を曲げられて飛んでいました。

この実験から，ラザフォードたち100年前の科学者は「放射線は静電気を帯びた非常に小さな粒」だと考えるようになりました。そして曲がる向きの違いから,「アルファ線の粒はプラスの静電気，ベータ線の粒はマイナスの静電気を帯びている」ということをあきらかにしました。さらに,アルファ線の飛跡の曲がりが小さかったことから,「ベータ線に比べてアルファ線の方がかなり重い」と推測することもできました。

第三の放射線

右の図は 1903 年にフランスの科学者マリー・キュリーが描いたもので，磁石の力を加えたときの放射線の曲がり方が描かれています。

＊

Pから放射線が出ていて，左に少し曲がって「α」と書いてある線がアルファ線です。そして，同じようにPから出て右側に大きく曲がって「β」と書いてあるのがベータ線です。この2つは私が霧箱で見たのと同じ曲がり方をしています。

この2つの放射線の飛跡は霧箱で見えましたが，100 年前の科学者は霧箱では見えない第3の放射線も見つけています。それがPから出てまっすぐ上に進んでいる「γ」の線，ガンマ線といいます。

ガンマ線は静電気を帯びていないので，磁石の力を加えても曲がりません。またガンマ線は重さも無くて「光の一種」と考えられています。

このように 100 年前の科学者は「石から出る放射線には3種類ある」ことを発見しました。

aule the one
as which is
y receivers,
transform it
onic energy,
a fraction of
its nature.
omplex, that
he different
uantitatively
nt, nor even
transformed
observation ;
eat, into the
or may not
henomenon,
under obser-
ction of the
ve in view,
eiver.
es, one con-
which show
Fig. 1. If
, the second
and the same
e fluorescent
or is placed
bodies.

nployed, the
ubstances is
han that of
ort distance,
aphic plate,
is necessary
a fluorescent
e new radio-
visible with
action upon
proximately.
e Paris

tion is caused in the same manner as with cathode rays, but the direction of the deflection is reversed ; it is the same as for the canal rays of the Crookes tubes.

II. The β-rays are less absorbable as a whole than the preceding ones. They are deflected by a magnetic field in the same manner and direction as cathode rays.

III. The γ-rays are penetrating rays, unaffected by the magnetic field, and comparable to Röntgen rays.

Consider the following imaginary experiment :—Some radium, R, is placed at the bottom of a small deep cavity, hollowed in a block of lead, P (Fig. 4). A sheaf of rays,

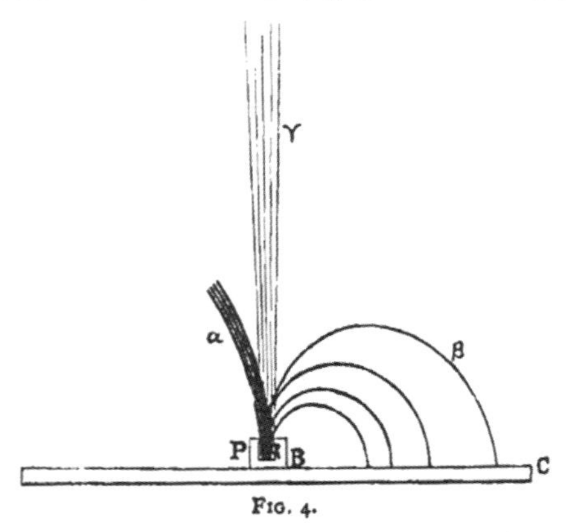

Fig. 4.

rectilinear and slightly expanded, streams from the receptacle. Let us suppose that a strong uniform magnetic field is established in the neighbourhood of the receptacle, normal to the plane of the figure and directed towards the back. The three groups of rays, α, β, γ, will now be separated.

第3話
放射線と原子

エックス線の発見と蛍光の研究

第１話でも触れましたが，人類が放射線の存在に気がついたのは，1895 年にレントゲンが発見した〈謎の光線〉にはじまります。

当時，レントゲンは電気の正体を探る研究をしていました。そしてその実験中，近くに置いてあった蛍光板が光っていることに気がつきました。ところが，実験に使っていた放電管は黒い厚紙で包んでいたし，ほかに蛍光板を光らせる装置もなく，その理由はわかりませんでした。

不思議に思ったレントゲンはそれから何週間もの間その謎解きに没頭し，何が蛍光板を光らせたのか徹底的に調べたそうです。そしてその結果，これまで誰も知らなかった〈紙や木などは透過するのに骨や鉛は透過しない〉という性質を持った目に見えない光線を発見しました。

そしてその光線は今では「エックス線」と呼ばれ，医療に欠かせない放射線として利用されています。確かに（前ページの写真のように）人間の骨が透けて見えるのですから，エックス線の発見は大ニュースとして世界中に伝えられ，多くの人々を驚かせました。

そのニュースに刺激された科学者にフランスのアンリ・ベクレル（1852 ～ 1908 年）がいました。ベクレルは仲間の科学者から「蛍光を出す物質は，同時にエックス線を出しているかもしれない」という予想を聞きました。それを聞いたベクレルは，すぐに実験して確かめたいと思いました。というのもベクレルは長年〈蛍光を出す物質〉の研究をしていたからです。

ウランガラスの蛍光を見る

今では蛍光ペンや蛍光マーカー，蛍光塗料など蛍光色を出す製品はたくさんあり，さまざまな原料から作られています。しかし，ベクレルの時代には〈蛍光は特別な物質だけが出す不思議な色の光〉と知られていただけでした。

たとえば左下の写真のガラス容器は，太陽光で見ると黄緑色に見えますが，紫外線だけの光にすると右下の写真のように見えます（横に置いたガラスのコップは比較のために置いたコップです)。このように光るのは，このガラスには着色剤としてウラン鉱石が使われているからです。

ウランの光線は写真に写るか──ベクレルの実験の追試実験

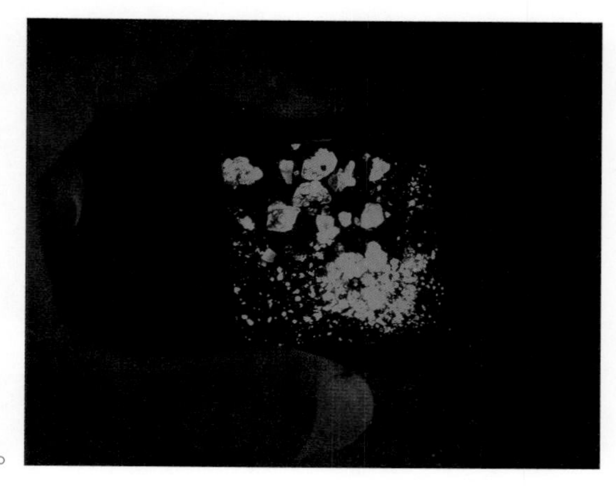

ベクレルは手持ちの物質のうち，特に蛍光が強く出る〈ウランが入っている物質〉を使って実験しています。そこで私も「燐灰ウラン石」というウランを含んだ小粒の石を用意しました。

この石は紫外線を当てるとウランガラスのように緑の蛍光を出します。では，この石から蛍光以外にエックス線のような光も出ているか，実験してみましょう。

＊

ベクレルは「石からエックス線と同じ性質を持った光が出ているか」つまり，「石から物を通り抜けて写真に写る見えない光が出ているか」を確かめています。

私は富士フィルムのインスタントカメラ「チェキ」の印画紙を用意しました。チェキの印画紙は〈光の当たったところが白くなる〉という写真用紙です。

右の写真に写っている黒いケースには，チェキの印画紙が 10 枚重なって入っています。

その印画紙ケースの上に 50 円玉を置き，さらにその上に燐灰ウラン石を置きました。こうしておけば，もし燐灰ウラン石からエックス線のような〈物を通り抜ける目に見えない光〉が出ていれば，29 ページのレントゲン写真に骨や指輪の影が写ったように，チェキの印画紙に燐灰ウラン石の出す光と 50 円玉の影が写るかもしれません。

ベクレルの実験の結果

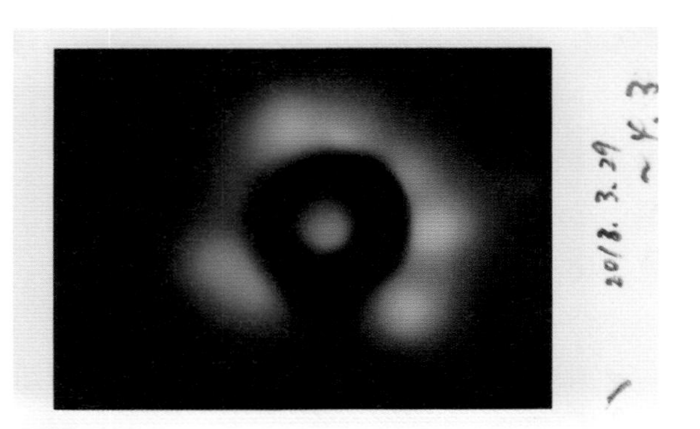

ベクレルはこのような実験装置を，他の光が当たらないように引き出しの中に入れて，数日間そのままにしたそうです。そこで私もこのチェキの実験装置を真っ暗な場所に 6 日間置きました。さてどうなったでしょうか。

＊

右の「1」と書いてある写真は，10枚重ねの印画紙のうちの一番上のものです。50円玉の影が白い光の中にしっかり写っていました。その光と影は，「5」と書いてある上から 5 枚目の印画紙にもぼんやり写っていました。

この実験結果は「石から見えない光が出て，チェキのケースや何枚もの印画紙を通り抜けて写真に写った」ことを示しています。やはりこの石からは〈物を通り抜ける目に見えない光〉が出ていたのです。

ベクレルはその後，いろいろな物質でこのような実験を行い，〈物を通り抜ける見えない光〉を出す物質に共通していたのは，蛍光を出すかどうかではなく，「それが〈ウランを含んでいる〉こと」だと発見しました。

〈ウランを含んでいる〉とはどういうことか

蛍光を出す物質にはウランを含まない物もあります。そのような物質は〈物を通り抜ける見えない光〉を出していませんでした。反対に蛍光を出さなくても，ウランを含む物質は，液体でも固体でもすべて〈物を通り抜ける見えない光〉を出していました。そこでこの新発見の光は「ウラン線」とか「ベクレル線」と呼ばれるようになりました。

では，ウランとはどんな物質なのでしょうか。

この世界のすべてのものは〈原子〉という目に見えない小さな粒の集まりでできています。原子には酸素原子や水素原子，鉄原子やアルミニウム原子など 100 ほどの種類があって，それらが組み合わさってこの世界のあらゆるものができています。

その中に「ウラン」という名前の原子があります。

原子を一覧に表した「原子の周期表」

1 H 水素																	2 He ヘリウム
3 Li リチウム	4 Be ベリリウム											5 B ホウ素	6 C 炭素	7 N 窒素	8 O 酸素	9 F フッ素	10 Ne ネオン
11 Na ナトリウム	12 Mg マグネシウム											13 Al アルミニウム	14 Si ケイ素	15 P リン	16 S 硫黄	17 Cl 塩素	18 Ar アルゴン
19 K カリウム	20 Ca カルシウム	21 Sc スカンジウム	22 Ti チタン	23 V バナジウム	24 Cr クロム	25 Mn マンガン	26 Fe 鉄	27 Co コバルト	28 Ni ニッケル	29 Cu 銅	30 Zn 亜鉛	31 Ga ガリウム	32 Ge ゲルマニウム	33 As ヒ素	34 Se セレン	35 Br 臭素	36 Kr クリプトン
37 Rb ルビジウム	38 Sr ストロンチウム	39 Y イットリウム	40 Zr ジルコニウム	41 Nb ニオブ	42 Mo モリブデン	43 Tc テクネチウム	44 Ru ルテニウム	45 Rh ロジウム	46 Pd パラジウム	47 Ag 銀	48 Cd カドニウム	49 In インジウム	50 Sn スズ	51 Sb アンチモン	52 Te テルル	53 I ヨウ素	54 Xe キセノン
55 Cs セシウム	56 Ba バリウム	57 La ランタン	58 Ce セリウム	59 Pr プラセオジム	60 Nd ネオジム	61 Pm プロメチウム	62 Sm サマリウム	63 Eu ユウロピウム	64 Gd ガドリニウム	65 Tb テルビウム	66 Dy ジスプロシウム	67 Ho ホルミウム	68 Er エルビウム	69 Tm ツリウム	70 Yb イッテルビウム	71 Lu ルテチウム	
			72 Hf ハフニウム	73 Ta タンタル	74 W タングステン	75 Re レニウム	76 Os オスミウム	77 Ir イリジウム	78 Pt 白金	79 Au 金	80 Hg 水銀	81 Tl タリウム	82 Pb 鉛	83 Bi ビスマス	84 Po ポロニウム	85 At アスタチン	86 Rn ラドン
87 Fr フランシウム	88 Ra ラジウム	89 Ac アクチニウム	90 Th トリウム	91 Pa プロトアクチニウム	92 U ウラン	93 Np ネプツニウム	94 Pu プルトニウム	95 Am アメリシウム	96 Cm キュリウム	97 Bk バークリウム	98 Cf カルホルニウム	99 Es アインスタニウム	100 Fm フェルミウム	101 Md メンデレビウム	102 No ノーベリウム	103 Lr ローレンシウム	

ベクレルは「ウランがどんな物質に含まれていても，物を通り抜ける見えない光を出す」という実験結果から，「この光を出すのはウラン原子そのものの性質である」と結論を出し，1896 年に発表しました。

放射線を出す原子の発見

ベクレルの発見が伝わると，「他にもウラン線と似た光を出す原子があるのではないか」と考える人が出てきました。フランスの科学者マリー・キュリーはその 1 人で，彼女は当時知られていたあらゆる物質を調べました。そして 1898 年に「トリウム原子を含んだ物質もウラン線と似た光を出している」ことを発表しました。

＊

トリウム原子もウラン原子と同じように，どんな物質に含まれているかは関係なく，ただトリウム原子さえ入っていればウラン線と同じ性質を持った光を出していました。

さらにマリー・キュリーは夫のピエール・キュリーと協力して，ウラン原子より強い〈見えない光〉を出す原子を次々に発見しました。キュリー夫妻はそれら新発見の原子に「ポロニウム」と「ラジウム」という名前を付けました。

ここまでくるともう「ウラン線」とか「ベクレル線」と呼ばれていた光は〈ウランから出る光〉とは限らなくなりました。そこで，このようなエックス線と似た〈物を通り抜ける見えない光〉のことをまとめて「放射線」と呼ぶようになりました。さらにキュリー夫妻は，それら放射線を出す原子のことを「放射性原子」と呼ぶことにしました。

原子を一覧に表した「原子の周期表」

1 H 水素																	2 He ヘリウム
3 Li リチウム	4 Be ベリリウム											5 B ホウ素	6 C 炭素	7 N 窒素	8 O 酸素	9 F フッ素	10 Ne ネオン
11 Na ナトリウム	12 Mg マグネシウム											13 Al アルミニウム	14 Si ケイ素	15 P リン	16 S 硫黄	17 Cl 塩素	18 Ar アルゴン
19 K カリウム	20 Ca カルシウム	21 Sc スカンジウム	22 Ti チタン	23 V バナジウム	24 Cr クロム	25 Mn マンガン	26 Fe 鉄	27 Co コバルト	28 Ni ニッケル	29 Cu 銅	30 Zn 亜鉛	31 Ga ガリウム	32 Ge ゲルマニウム	33 As ヒ素	34 Se セレン	35 Br 臭素	36 Kr クリプトン
37 Rb ルビジウム	38 Sr ストロンチウム	39 Y イットリウム	40 Zr ジルコニウム	41 Nb ニオブ	42 Mo モリブデン	43 Tc テクネチウム	44 Ru ルテニウム	45 Rh ロジウム	46 Pd パラジウム	47 Ag 銀	48 Cd カドニウム	49 In インジウム	50 Sn スズ	51 Sb アンチモン	52 Te テルル	53 I ヨウ素	54 Xe キセノン
55 Cs セシウム	56 Ba バリウム	57 La ランタン	58 Ce セリウム	59 Pr プラセオジム	60 Nd ネオジム	61 Pm プロメチウム	62 Sm サマリウム	63 Eu ユウロピウム	64 Gd ガドリニウム	65 Tb テルビウム	66 Dy ジスプロシウム	67 Ho ホルミウム	68 Er エルビウム	69 Tm ツリウム	70 Yb イッテルビウム	71 Lu ルテチウム	
			72 Hf ハフニウム	73 Ta タンタル	74 W タングステン	75 Re レニウム	76 Os オスミウム	77 Ir イリジウム	78 Pt 白金	79 Au 金	80 Hg 水銀	81 Tl タリウム	82 Pb 鉛	83 Bi ビスマス	84 Po ポロニウム	85 At アスタチン	86 Rn ラドン
87 Fr フランシウム	88 Ra ラジウム	89 Ac アクチニウム	90 Th トリウム	91 Pa プロトアクチニウム	92 U ウラン	93 Np ネプツニウム	94 Pu プルトニウム	95 Am アメリシウム	96 Cm キュリウム	97 Bk バークリウム	98 Cf カルホルニウム	99 Es アインスタニウム	100 Fm フェルミウム	101 Md メンデレビウム	102 No ノーベリウム	103 Lr ローレンシウム	

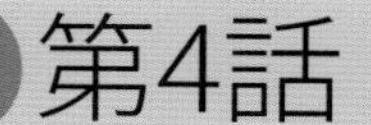

第4話

放射線が原子から出るのはなぜか

アーネスト・ラザフォード
(1905年)

フレデリック・ソディ
(1904年)

第３話では，原子には放射線を出す原子（放射性原子）と出さない原子があることを紹介しました。では，放射線を出す原子と出さない原子は何が違うのでしょうか？　100 年前の科学者にとって，それは大きな謎でした。

その謎を解き明かしたのは，当時，カナダの大学に就職したばかりの若い２人の科学者アーネスト・ラザフォード（1871−1937）とフレデリック・ソディ（1877−1956）でした。彼らはまずキュリーの発見したトリウムの放射線を調べようとして，純粋なトリウム原子を取り出そうと試みました。ところがその実験は〈放射線を出す原子の謎〉の解明だけにとどまらず，これまでの原子に対する考え方を大きく変えてしまう大発見につながりました。

若い彼らがどうやってその考えに迫ったのか，私はとても興味がありました。そして彼らの研究を調べるうちに，そのドラマチックともいえる実験の顛末(てんまつ)を知り，「霧箱を使えば，彼らの実験の経過や考え方を目の前で再現して見せられるのではないか」と思うようになりました。

そこで第４話は，ラザフォードとソディの時代にはまだ発明されていなかった霧箱を使って，彼らの研究を再現してみることにします。

ラザフォードとソディの実験

ラザフォードとソディはまず〈トリウムを含んだ薬品〉からトリウムだけを取り出そうとしました。

トリウムを含む右の薬品（白い粉）を霧箱に入れて放射線が出ているのを確かめます。

トリウムを含んだ薬品（白い粉）

次に，トリウムを取り出すために化学反応させました。

すると薬品は次ページ上の写真のように，白く濁った〈トリウムが含まれている成分〉と，透明な〈トリウムを含まない成分〉に分かれました。彼らはそれぞれの成分を分けて取り出して放射線の出方を調べました。私もそれぞれを霧箱に入れてみました。

下の写真のThと書いた黒い台には〈トリウムを含んだ成分（白い沈殿を乾燥したもの）〉が乗せてあり，Th×と書いてある方の台には〈トリウムを含まない成分（透明な液体を乾燥して成分を取りだしたもの）〉が乗せてあります。

あれ，何だか変だと思いませんか。

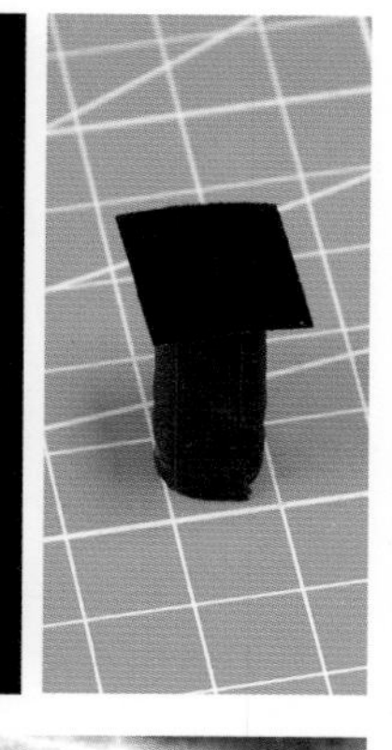

実験はこのような台の上に薬品を置いて行っています

Thにはトリウムが含まれているはずなのに放射線が出ていません。反対にTh×にはトリウムは含まれていないはずなのに飛跡がたくさん見えます。

これはいったいどうしたことでしょう。

ラザフォードたちもこの実験結果を見て驚き，困惑しました。そして実験の手順や方法が間違っていないか何度も薬品を化学反応させて，できるだけ純粋なトリウムと他の成分を分けて取り出そうとしました。しかし，何度やっても結果は同じでした。

ちょうど季節は 12 月のクリスマスが迫っていました。彼らはとりあえずこの取り出した成分をそのままにして，クリスマス休暇を取りました。

３週間後の結果を確認する

３週間たって休暇が終わり，彼らは大学の実験室に戻ってきました。彼らは残しておいた成分の放射線をもう一回測ってみたそうです。私たちは霧箱が使えるので，２つの成分をもう一度霧箱に入れてみました。

なんと，今度は Th の方から放射線が出ています。そして休暇前には盛んに放射線を出していたはずの Th ×（バツ）の方からは放射線が出なくなっていました。３週間前とはまったく逆になってしまったのです。

トリウムを含んだ成分　　トリウムを含まない成分

彼らはますますこの実験結果に困惑しました。

彼らには予想外の何かが起きているように思えました。無理もありません。これらの実験をするまでは〈放射線がどんどん出るようになったり出方が弱まったり，あるいは出なくなったと思えばまた出るようになる〉など，放射線のふるまいが変化するなんて，世界中の誰もまったく知らなかったからです。そして彼らは大いに悩み，この現象を説明するために次の「すごい仮説」を考えました。

すごい仮説①　原子は壊れ，変身する

ラザフォードとソディは，「原子というものは決して壊れないし，変化もしない。物質を作る究極の粒だ」というこれまでの原子の考え方を捨てて，「放射線は原子から飛びだした〈かけら〉だ」と考えました。そして「放射線が出ると原子は別の種類の原子に変身する」と考えたのです。これはまったくこれまでの科学の常識に反するものでした。

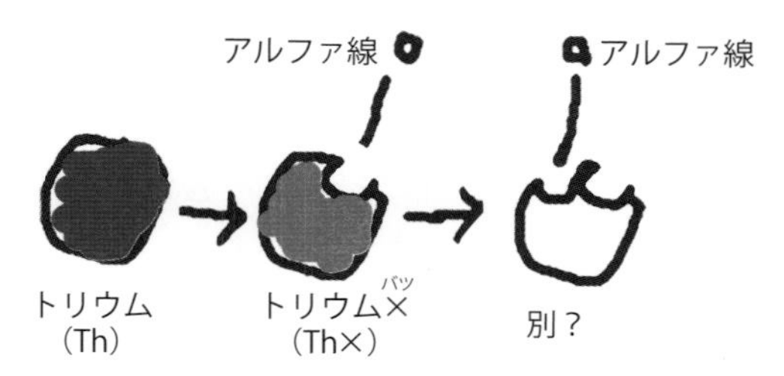

彼らは多くの実験を重ねて「トリウム原子から放射線が飛び出すと，残った部分はトリウム×（バツ）原子に変身する」「トリウム×（バツ）原子からも放射線が飛び出して，残った部分はまた別の原子に変わる」という仮説を立てました。

すごい仮説②　変身の速さは原子によって違う

トリウムを含んだ成分（Th）は，元の薬品から取り出したばかりのときは，放射線がほとんど出ませんでした。これは，「トリウム原子はごくたまにしか放射線が飛び出さない原子だからではないか」と考えました。一方，「トリウム×（バツ）原子はどんどん放射線を出して変身していく原子だ」と考えたのです。

この２つの仮説を合わせると，つぎのように実験結果を説明できます。

1. トリウムだけを含む成分（Th）は，初めは放射線がほとんど出ないが，やがて変身してできたトリウム×原子がたまってきて，盛んにトリウム×が放射線を出すようになり，放射線が復活したように見える。

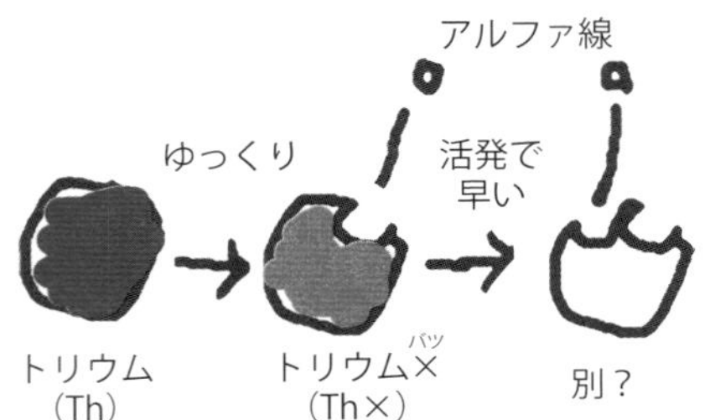

2. トリウム×を含んだ成分（Th×）は放射線をどんどん出して変身していき，３週間たつと放射線を出す原子が無くなってしまったので放射線が出なくなった。

3. 最初に用意したトリウムを含んだ薬品には，実はトリウム原子とそれが変身したトリウム×原子が混じっていて放射線を出していた。

……確かに実験結果は説明できますが，それをどうやって証明したらいいのでしょうか。

次に起こる変身を霧箱で見る

ラザフォードたちの仮説が正しければ，トリウム×原子も時間がたつと，別の原子に変身しているはずです。それを確かめるため，今度は霧箱にトリウム×を含む成分だけ入れて観察してみます。これがその結果です。

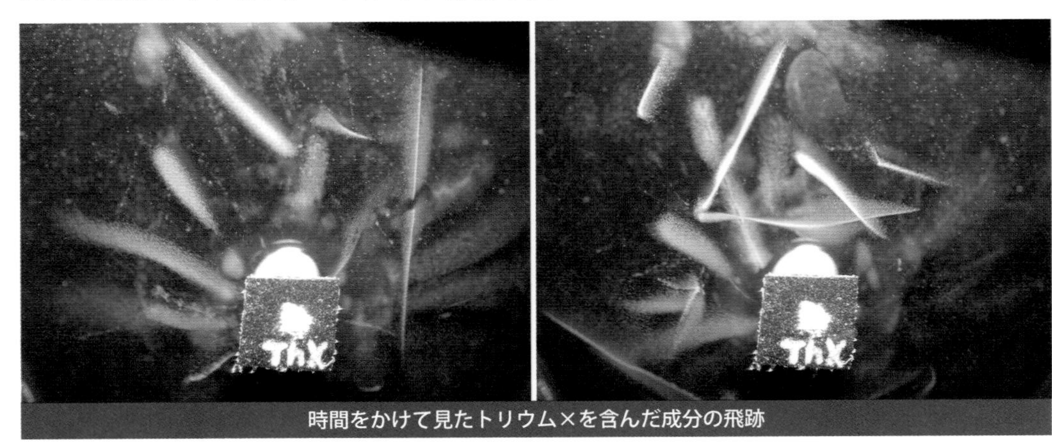

時間をかけて見たトリウム×を含んだ成分の飛跡

トリウム×を入れてしばらく時間がたつと，「どう見てもトリウム×から出ているとは思えない方向に飛ぶ放射線」が増えてきました。まるで霧箱の中の空気中から放射線が出ているようです。

試しにトリウム×を霧箱から出すと，そのような空気中から出る放射線は出なくなりました。やはりトリウム×原子は放射線を出すと「気体の放射性原子」に変身していました。

ラザフォードとソディの仮説と証明

ラザフォードとソディも「トリウム×原子の出す放射線」と「トリウム×原子のまわりの空気から出る放射線」に注目して出てくる放射線の量を測っています。下のグラフと次ページのグラフは，その放射線の量をグラフに書いたものです。

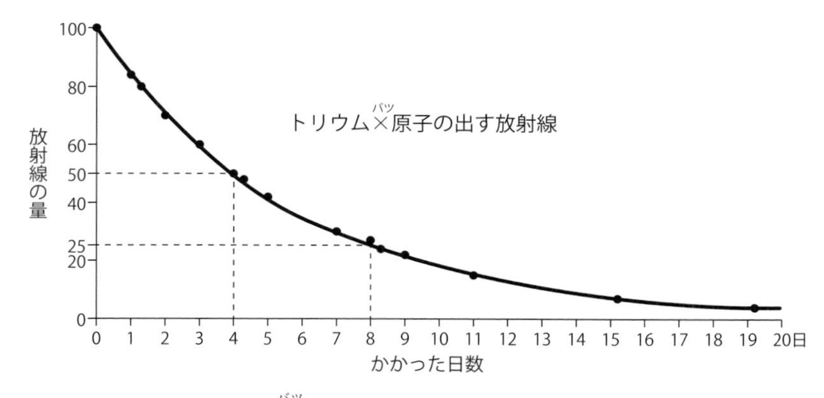

取り出したばかりのトリウム×原子の出す放射線の量を 100 とすると，4 日後には $\frac{1}{2}$ の 50 になり，さらに 8 日後には最初の $\frac{1}{4}$ の 25 に減りました。放射線の量が 4 日ごとに半分に減っていたので，彼らは「トリウム×原子は一定の速さで減少していくのではないか」と考えました。

そして次ページのグラフは，「トリウム×からどれだけ〈放射線を出す気体〉が出ているか」を測ったものです。

トリウム×と同じように，最初の〈放射線を出す気体の量〉を 100 とします。

あとは日をあけて，〈トリウム×のまわりの空気に含まれる放射線を出す気体〉の量を測りました。すると，その気体の量は〈4日間で半分に減る〉という，トリウム×の放射線と同じ変化を起こしていました。

4日目には最初の半分の50になり，8日目には最初の$\frac{1}{4}$の25に減っていました。

これはトリウム×の放射線が減る速さとまったく同じです。「放射線が出る＝原子が変身する」なのですから，トリウム×の変身と気体原子の変身は，本来別々の原子の出来事です。それがまったく同じ速さで減るのは偶然なのでしょうか。

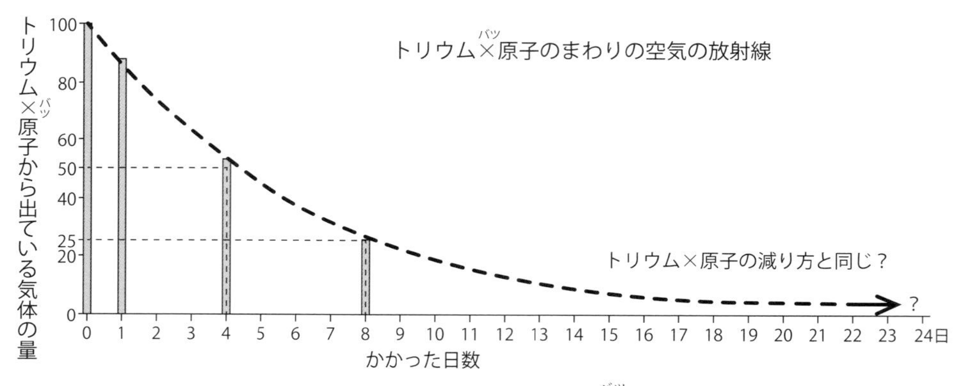

彼らはそうは考えませんでした。彼らは「トリウム×原子は，変身すると気体の放射性原子に変身する」と考えました。そう考えれば,「元のトリウム×原子が半分に減れば,そこから変身してできる気体原子も半分しかできない」というのは当たり前のことになります。彼らはこうした実験結果を積み上げて「原子は放射線を出すと別の原子に変身する」という「とんでもない説」を発表したのです。

放射線を出す原子は自然に壊れていく

ウラン原子やトリウム原子など放射線を出す原子（放射性原子）は，自然に壊れて放射線（アルファ線やベータ線）とそれ以外の部分になります。そして原子のかけらが放射線として飛び出すと，残りの部分は性質が異なる別の原子に変わります。一方，放射線を出さない原子はいつまでも壊れずに存在し続けます。

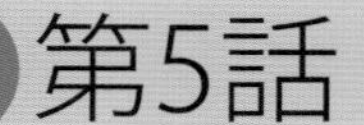

第5話
霧箱で見る原子の変身

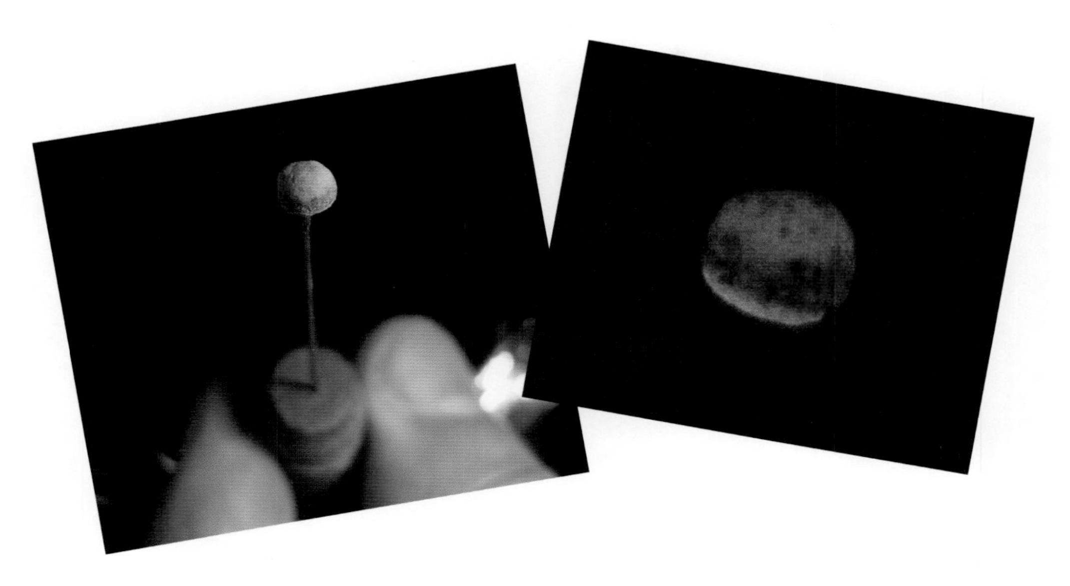

ラジウムの変身を霧箱で見る

左側の写真は50年以上むかしの霧箱に入っていたラジウム入りの実験道具です。暗闇で見ると，右の写真のように青白く光っていました。ラジウムはウラン原子やトリウム原子よりも活発に放射線を出して変身する放射性原子です。1898年にフランスの科学者マリー・キュリーとピエール・キュリー夫妻によって発見されました。

当時マリーたちは，ウラン原子以外にも放射線を出す原子があるのではないかと研究を続けていました。

ある時マリー・キュリーは「ウラン鉱石から出ている放射線が，ウラン原子の放射線だけとすると，強すぎるのではないか」と気がつき，彼女は「まだ知られていない原子が鉱石に入っていて，それが強い放射線を出しているのではないか」と予想しました。

そして苦労の末，その鉱石からウランの何百倍も強く放射線を出している原子を発見したのです。それがラジウム原子でした。夫妻は夜の暗い実験室でラジウムの出す青白い光を見たそうです。それは私の見た光と同じようなものだったかもしれません。

予想外の現象に出会う

ある日私はラジウム原子の飛跡を観察した後，片付けるために霧箱からラジウムを取り出しました。

ラジウムを取り出したので，飛跡が出なくなると思っていたのですが，霧箱の中には，あいかわらずたくさんのアルファ線の白い筋が次々に出ているのです。私はあわててカメラをセットしてその写真を撮りました（次ページの写真）。

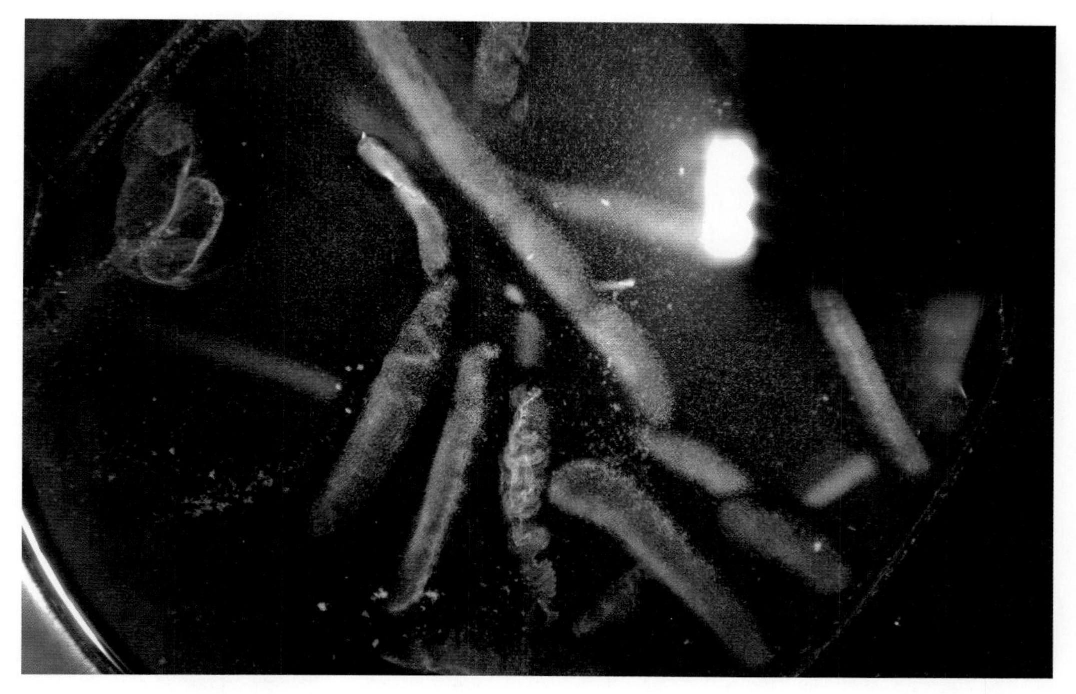

そしてこの現象がどうなっていくか知りたかったので，ドライアイスが無くなるまで5時間そのまま観察しましたが，霧箱の中の飛跡はずっと出続けていました。一体この飛跡はどこから出てきたのでしょうか。

＊

この実験をやったのは霧箱の実験をはじめたばかりの頃だったので，何が起こったのかすぐには分かりませんでした。しかし今ならわかります。これは，霧箱の中で〈原子の変身〉が起きて，気体の放射性原子があらわれて，その原子が霧箱の中のあちこちに飛跡を飛ばしていたに違いありません。

トリウムが変身した気体を集める実験

ところで，第4話で「トリウム原子は変身を繰り返して気体の放射性原子になる」ということをお話ししました。ラジウム原子はこれに似ているのかもしれません。

トリウム原子が変身してできた気体の放射性原子も，霧箱に入れると同じような飛跡が見えるかもしれません。そこで，こんな実験をやってみました。

実験方法

1. トリウム原子が含まれた石（ポリクレースやトール石など）をゴム風船用の空気ポンプの中に入れる。
2. 1時間ぐらいそのままにする。
3. ポンプの中の空気だけを霧箱に入れる。

＊

では，どうなったかお見せしましょう。

霧箱の中は飛跡だらけになりました。アルファ線がバンバン飛んでます。

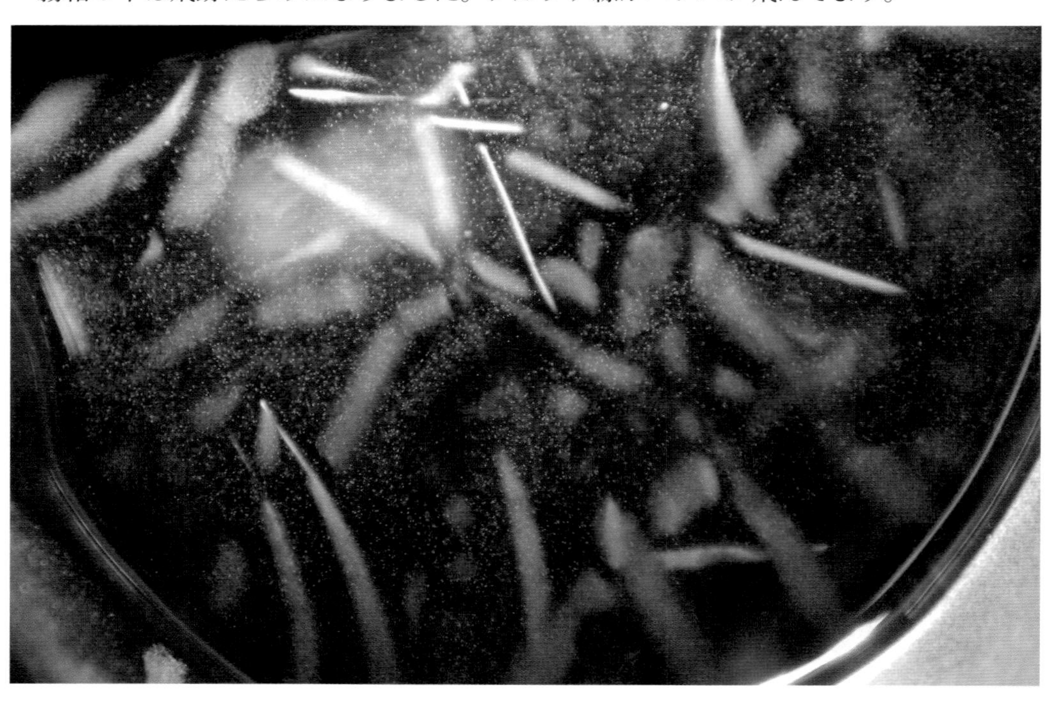

しかし，これは最初だけでした。霧箱の中の飛跡は時間がたつとどんどん少なくなってしまいました。

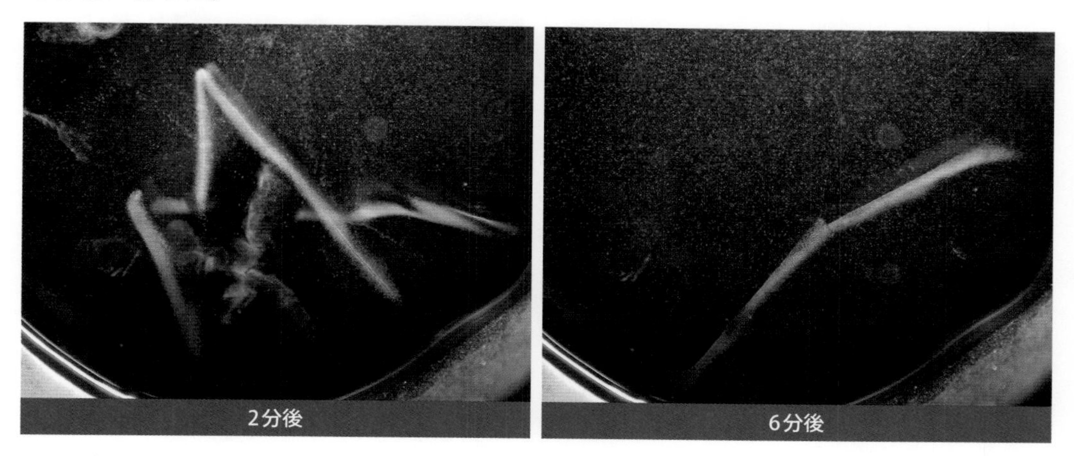

2分後　　6分後

ラジウムから変身した気体の飛跡が5時間たっても減らなかったのに比べると，ずいぶん速くアルファ線が出なくなりました。

変身速度の違い――V字の飛跡

ところでこの実験の時，こんな飛跡を見かけました。

トリウム原子から変身した気体原子からの飛跡は，1つ飛跡が出ると，同じ場所からすぐ次の飛跡が出てきてV字に見えました。

一方，ラジウム原子が変身した気体原子の飛跡はＶ字になることはありませんでした（右の写真）。

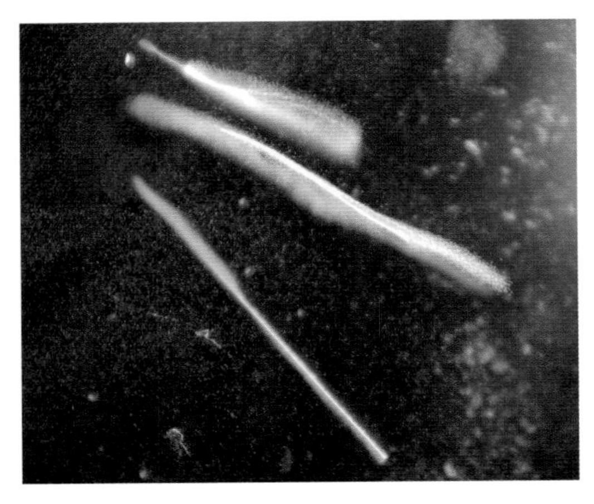

飛跡が出たということは原子が変身したということです。〈トリウム原子から変身した気体原子〉は霧箱の中で最初の白い飛跡を作ってさらに変身すると，その次の変身がすぐに起きて白い筋を出します。

下の図のように〈初めにトリウムだった原子〉は，この図のように次々と変身して，別の原子に変わっていきます。科学者が調べた〈変身が起こる時間〉はこのようになっています。

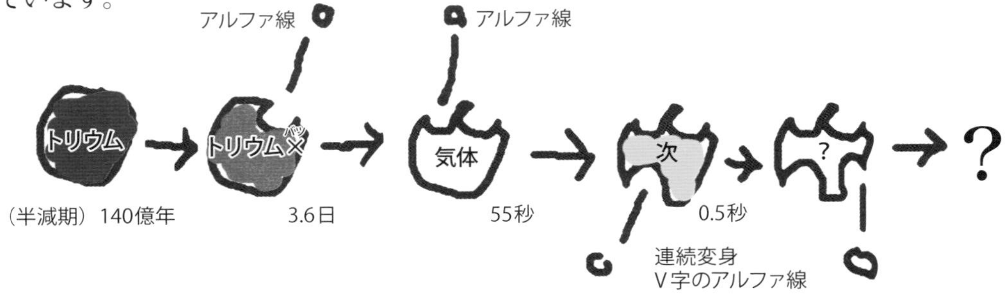

それに対して，〈初めにラジウムだった原子〉も次の図のように次々に変身して別の原子に変わっていきますが，科学者によれば，トリウム原子よりも次の変身が起こる時間が長くなっています。

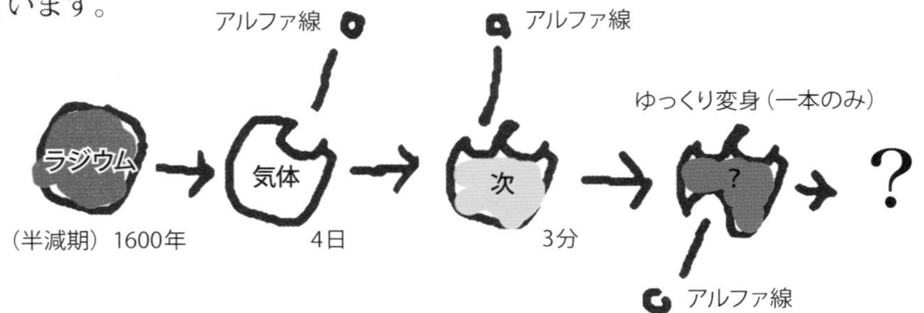

半減期（はんげんき）という言葉

放射性原子とは〈放射線を出して別の原子に変身するもの〉なのですから，必ずその原子の数は減っていきます。

放射性原子1個1個がいつ変身して放射線を出すかはまちまちです。でも，その原子がたくさん集まった全体を見ると，〈原子の数が減っていく速さ〉は放射性原子の種類によって決まっています。

例えば，〈トリウム原子が変身した気体原子〉は霧箱に入れてみると，バンバン放射線を出して変身している様子が見えます。すぐに変身する原子もあれば，後から変身する原子もあります。しかし，〈トリウム原子が変身した気体原子〉から出てくる飛跡の数が半分に減る時間はいつも55秒で決まっています。

科学者は〈最初の原子の数が半分に減るまでの時間が放射性原子によって決まっている〉ことに着目して，この時間を「半減期」と呼んでいます。半減期は放射性原子を区別する手段になっています。

前ページの「科学者が調べた〈原子の変身が起こる時間〉」は〈放射性原子が半数になるまでの時間〉です。

霧箱で石から出る飛跡を見ると，半減期の違いを実際に見られます。それは私にとってワクワクする体験でした。

霧箱をつくってみよう

この本の後半は，霧箱さえあれば〈いつでも・どこでも見ることのできる，原子よりももっと小さな世界〉を紹介するお話です。そこで次のお話に行く前に，一緒に実験したいという方のために霧箱の作り方を紹介しておきます。

私がこの本で使った霧箱は，焼酎が入っていた４リットルの大型ペットボトルを筒状に切ったものですが，ここでは手に入りやすい1.5リットルのペットボトルで作る方法を紹介します。

また，筒はペットボトルでなくても，Ａ３判のクリアファイル（クリアホルダー）を11cm 幅に切って丸めてホチキスで止めても使えますし，プラ板をまるめたり，プラスチック段ボールで箱型に作った筒でも作ることができます。

材料

□ 1.5リットル以上のペットボトル

□ ラップフィルム　□ アルミホイル　□ LEDライト

□ 黒い画用紙　□ えんぴつ　□ 輪ゴム

□ 黒い起毛紙かベルベット布*（光を反射しない黒いもの）

□ 無水エタノール*（消毒用アルコールは水が混じっているので使えません）

□ ドライアイス*（1kgぐらいの板状のもの）

□ ドライアイスを乗せる台（新聞紙か発泡スチロールの板，筒が入る大きさのカップ麺の容器など）

*近くに売っている店がなくてもAmazonなどインターネットの通販サイトでいつでも買えます。

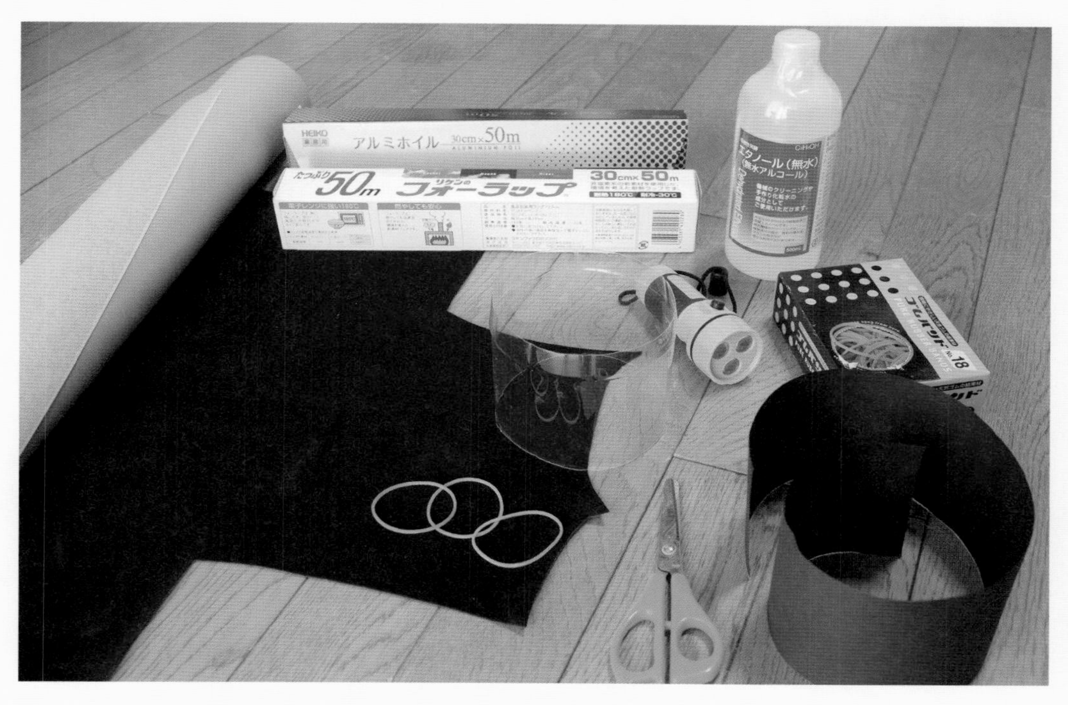

1　1.5リットル（または 4 リットル）のペットボトルを切って高さ 11cm の筒にする。ペットボトルの大小にかかわらず 11cm が一番うまくいく。

2　筒の内側の大きさに合わせて，起毛紙に鉛筆で円を書きます。筒がゆがまないように注意します。

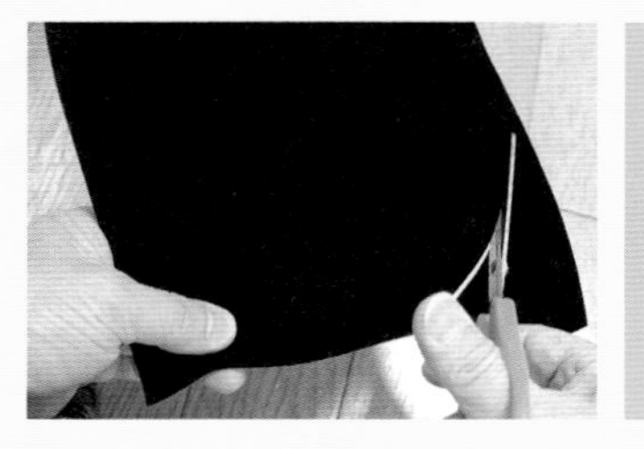

3　書いた円よりも外側に 1cm ぐらい大きく切り抜きます。

4　書いた円のところまで切り込みをたくさん入れます。

5 起毛紙の黒い面を下にして，ペットボトルの筒に乗せます。これが底になります。

6 起毛紙の上から，このようにラップフィルムをかぶせて輪ゴムでとめます。（ベルベットの場合は四角く切ってそのまま筒に起毛面をかぶせます）

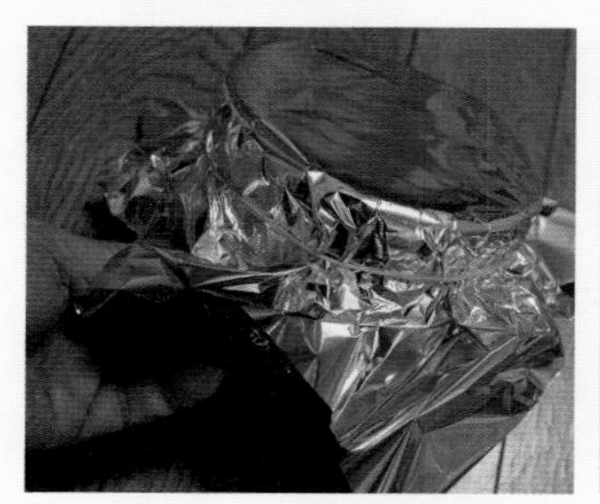

7 ラップの上にアルミホイルをかぶせて輪ゴムでとめます。これで**底の完成**です。（ベルベットの場合も，そのままラップとアルミホイルをかぶせます）

8 筒の深さに切った黒い画用紙を丸めて入れます。画用紙の長さは霧箱１周分より長くします。
画用紙が筒の上にはみ出したら，切り取って筒の高さに合わせます。のり付けなどは必要ありません。（エタノールが染み込むように画用紙を使います。つるつるの紙はダメです）

9　このように内側が暗くなります。

10　無水エタノール（エチルアルコール）を３～5mm 程度の深さに入れます。底の起毛紙が沈むぐらいで良いです。エタノールが深すぎると，飛跡がうまく出ません。

注意　起毛紙のメーカーによってはエタノールでのりが溶け出して，エタノールに混じってしまうことがあります。そうなると飛跡が見えなくなります。買ったばかりの起毛紙と使うときは，念のためエタノールにしばらくつけて，よく洗ってのりを洗い流します（最初の１回だけ)。起毛紙は乾かしておけば，何度でも使えます。

11　側面の黒画用紙にも無水エタノールをかけて湿らせます。この画用紙には底のエタノールを吸い上げて，霧箱の中をエタノールの蒸気でいっぱいにする働きがあります。つるつるした紙だと，エタノールを吸わないので使えません。

12　ラップフィルムでふたをして輪ゴムでとめます。これで霧箱は完成です。

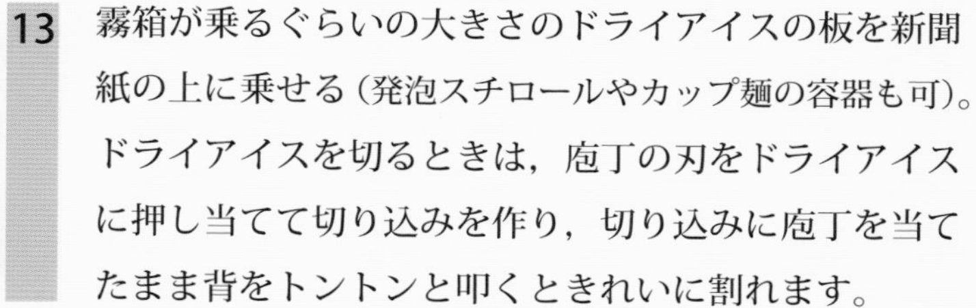

13 霧箱が乗るぐらいの大きさのドライアイスの板を新聞紙の上に乗せる（発泡スチロールやカップ麺の容器も可）。ドライアイスを切るときは，庖丁の刃をドライアイスに押し当てて切り込みを作り，切り込みに庖丁を当てたまま背をトントンと叩くときれいに割れます。

14 霧箱をドライアイスにのせます。エタノールが偏らないように水平にします。これで**準備は終わり**です。
飛跡を見るには100円ショップなどで売っているLEDライトで底を照らします。

15 右側のはさみは霧箱を水平にするために入れたものです（カップ焼きそばの容器の中にドライアイスを置いている）。霧箱が傾いているとエタノールが偏ってうまく飛跡が見えないので，傾いていたら何かはさんで水平にします。
少し暗い部屋の方が見やすいでしょう。
10分ぐらい待って霧箱の底が十分冷えてくると，中に霧粒が雨のように降るのが見えます。飛跡がよく見えるためには霧箱の上と下の面の温度差が十分あることが必要です。霧箱の底の方に糸くずのような飛跡が見え出せば成功です。放射線の筋は霧箱の底に近いところに出ます。この本の写真を参考に飛跡を探してください。

実験の注意

・霧箱は底とふたの上下の温度差がないと飛跡が見えません。冷やすのは底面だけで，全体を冷やしすぎてはいけません。

・エタノールはお酒の主成分のアルコールです。たくさんの霧箱を同時に使うときは窓をあけるなど，エタノールが部屋にたまって気持ち悪くならないよう注意しましょう。また，エタノールはたいへん燃えやすい液体です。実験中は霧箱のそばで火を使ってはいけません。

・メタノールや燃料用アルコールは，毒性があるので霧箱に使ってはいけません。

・無水プロパノール（イソプロピルアルコールともいう）も霧箱に使えます。

・しばらく見ていて飛跡が見えなくなったら，乾いたティッシュでふたを拭くと，静電気が取れて飛跡がまた見えるようになります。

サイダーのペットボトルで作った霧箱を見ているところ

第2章

放射線はどこからどうやってくるのか

第6話
空っぽの霧箱を見てみれば

霧箱の写真撮影風景。目で見るのと同じように上からのぞきこんでいます

空っぽの霧箱を観察する

霧箱が完成したらさっそくのぞいてみましょう。

ふつう，放射線を出すトリウムやラジウムなんて持っていないですよね。でも大丈夫。私たちの霧箱はそういう特別なものを使わなくても，飛跡を見ることができます。空っぽの霧箱の中をのぞいてみましょう。

空っぽの霧箱をしばらく見ていると……

霧箱を組み立ててドライアイスの上にのせてしばらく待ちます。条件が整うとそのうち，霧箱の中には下の写真のような飛跡が２本，３本と見えはじめます。

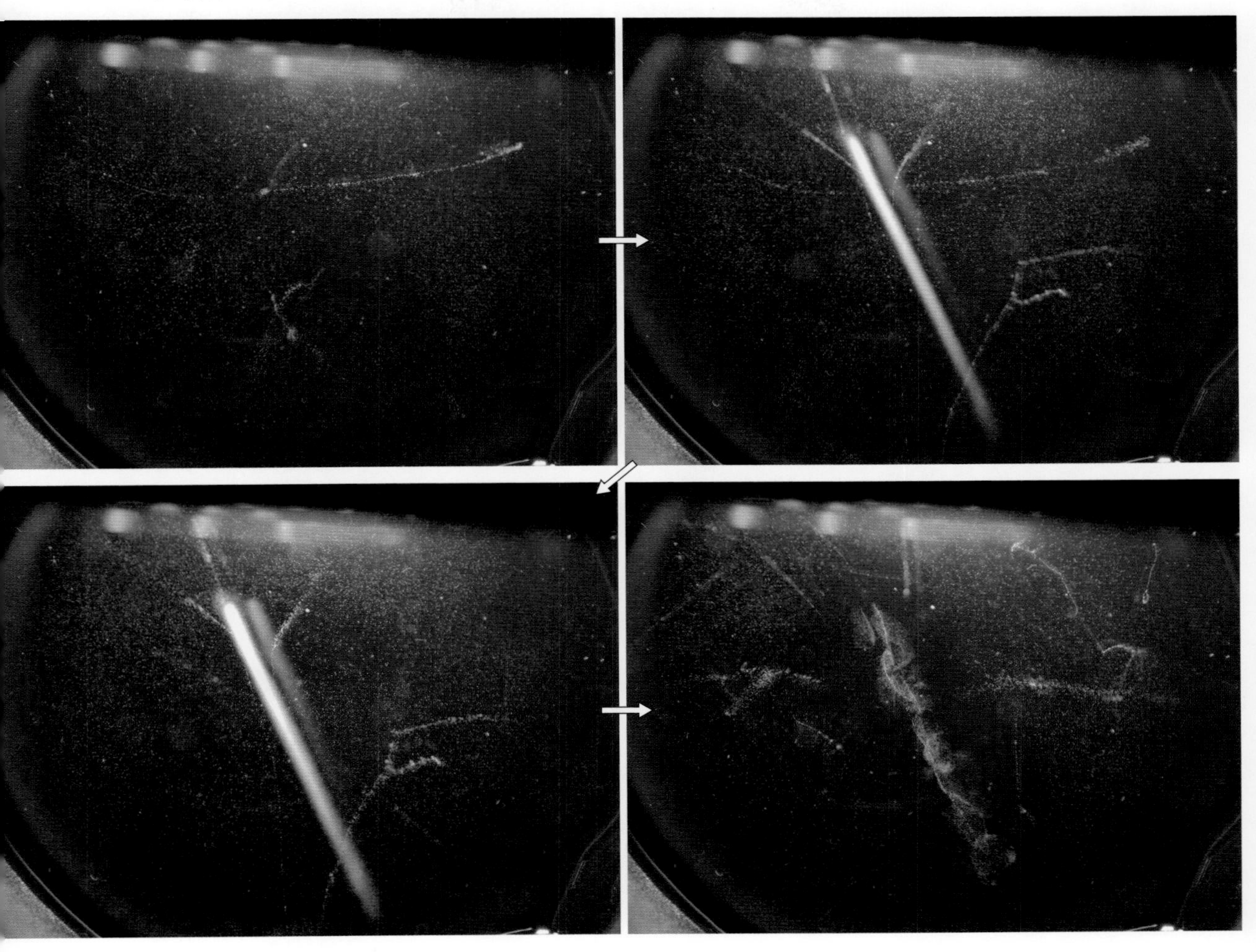

やがて飛跡は次々に絶えまなく現れるようになり，太いのや細いの，曲がったのもまっすぐなものも，さまざまな飛跡が現れては消えていきます。放射線を出す石がなくても，霧箱の中には次々と放射線の飛跡が現れます。

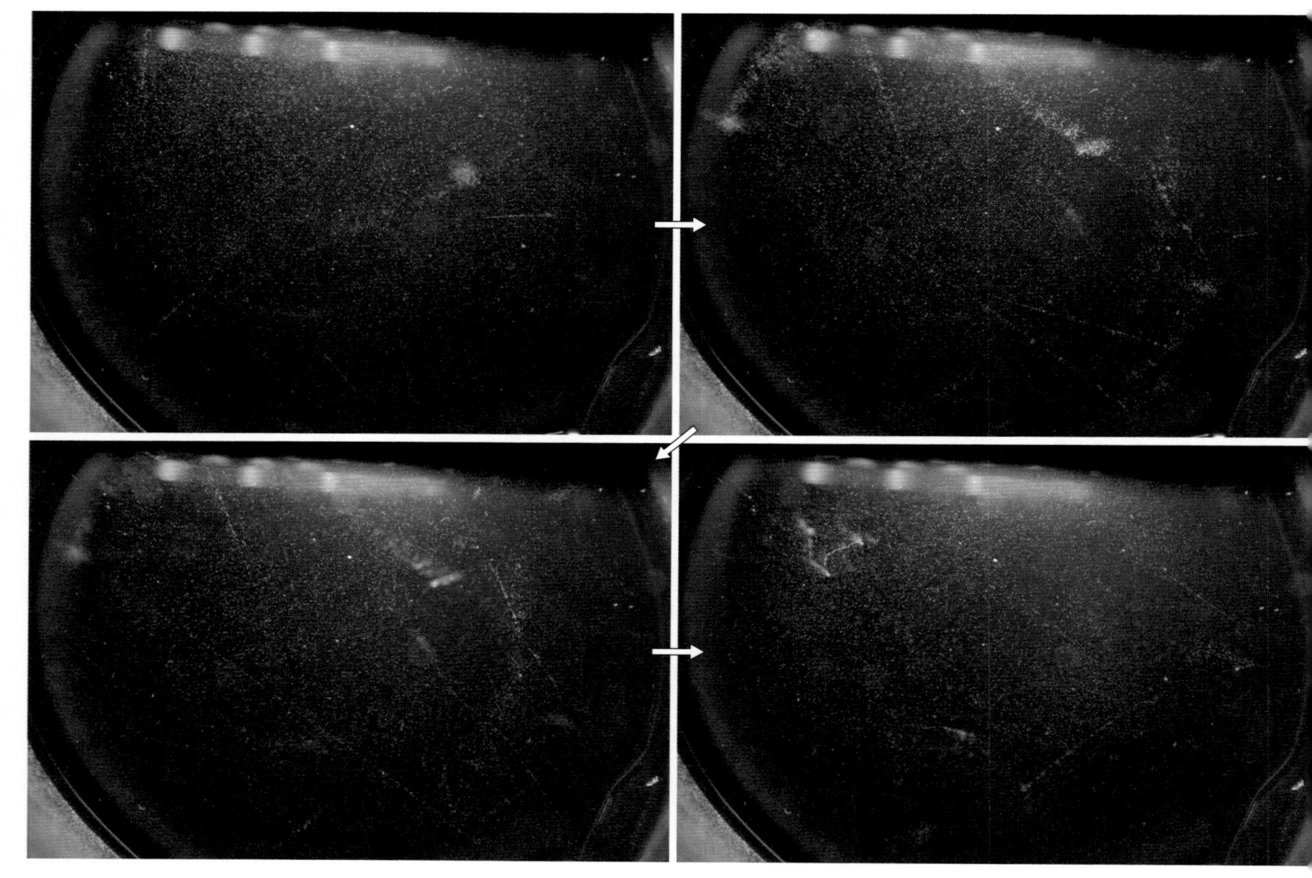

世界一大きな霧箱を見る

科学館や博物館には大きな霧箱が展示されているところがあります（巻末に霧箱を展示している施設を紹介しています）。私はその中で茨城県那珂（なか）郡東海村にある原子力科学館に展示されている世界最大の霧箱を見に行きました。

その霧箱は名古屋科学館のものよりうんと大きく，縦横 120cm の正方形で深さ 25cm の装置でした（2022 年 3 月からはさらに1.5 倍大きい新型になりました。57 ペ，第 2 章の扉の写真）。その霧箱にも放射線を出す物質は入っていませんでしたが，大きなガラス窓をのぞき込むと一面に飛跡が出ていました。

下の写真はシャッター速度$\frac{1}{15}$秒で撮ったものです。それほど短い時間なのに，こんなにたくさんの飛跡が見えて，写っていたのです。

放射線の飛跡を数えてみる実験

私は「いったい何個の飛跡が見えているんだろう」と知りたくなりました。そこでこの世界一の霧箱の写真を大きく拡大して，写っている飛跡を全部数えて番号を付けてみました。それが次のページの写真です。

162
163
164
167
171
172
174
175
176
178
179
180
182
183
184
185
186
187
188
189
200
201
202
203
204
205
206
207
208
209
210
211
219
220
221
222
223
224
225
226
227
228
229
230
231
232
234
235
236
237
238
239
240
241
242
243
244
245
246
247
248
249
250
251
252
253
254
255
256
257
258
266
267
268
269
270
271
272
273
274
275
276
277
278
279
280
281
282
283
284
285
286
287
288
289
290
291
292
293
294
295
296
297
301
302
303
304
305
306
307
308
309

ペットボトル霧箱と比べてみる

その数は300個以上でした。こんなにたくさんの飛跡を見ると「ここが特別にたくさんの放射線が飛んでいる場所なのか，それとも霧箱の性能がすごく良いからたくさん見えたのか」と気になり始めました。

そこで私がいつも霧箱実験に使ってきたペットボトルの筒をこの霧箱に乗せて，その筒の中だけに見える飛跡を数えてみることにしました。霧箱で放射線の数を比べてみるときは同じ範囲（体積）で比べてみないと，どちらが多く見えているのかわからないからです。私の予想では霧箱の深さがペットボトル霧箱の2倍あるので，少し多く見える程度だろうと考えました。

直径13cmのペットボトルの中に見える飛跡を1分間数えてみると，だいたい80～100個ぐらいで，これは私が自宅で見てきた霧箱の中の飛跡の数とそんなに大きな差ではありません。霧箱の深さの違いを考えれば，ここで見えている飛跡は私の自宅と大差ないと言えるでしょう。私のペットボトル霧箱でも科学館の霧箱と同じくらいの性能があるとわかりました。

霧箱で放射線の活発さを比べる実験

右の写真は50年ぐらい前に売られていたカメラ用レンズで，ガラスにトリウム原子が含まれています。今では別の方法で高性能なレンズが作られていますが，昔はレンズの性能を良くするためにトリウム入りのガラスを使ったレンズがあったのです。そのようなレンズのことを，カメラマニアの間では「アトムレンズ」と呼んでいます。

私もそのレンズを手に入れて，それを使ってどれぐらい放射線が出ているかを調べる実験をやってみようと思ったわけです。

まず霧箱のまわりに何も置かない状態で飛跡を観察しました。

2～3本の飛跡が見えています。これはいつもの見え方です。（左下の写真）

次に，アトムレンズを霧箱に近づけてみました。（右下の写真）

霧箱の中にたくさんの飛跡が現れました。レンズに含まれていたトリウム原子から出た放射線が霧箱の中に飛びこんで，それが飛跡となって見えるのです。

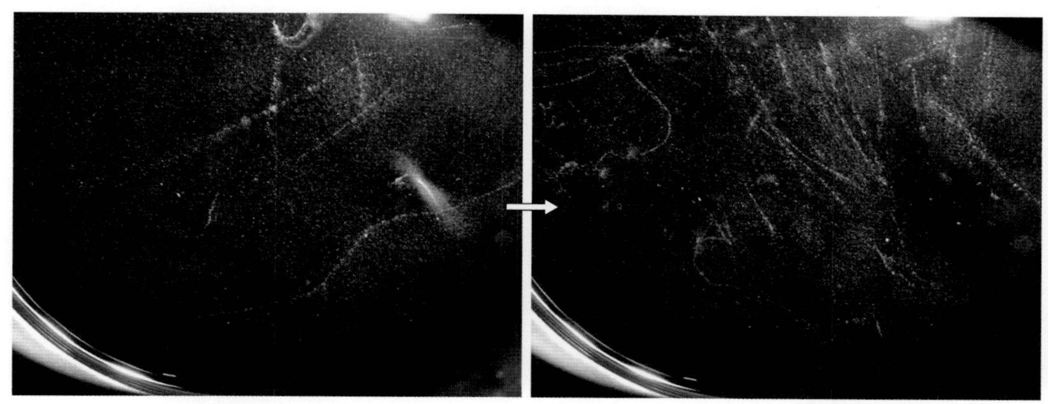

レンズを近づけてみると……　　たくさんの飛跡が現れた

このように霧箱で観察すると，まわりに活発に放射線を出す原子があるかどうかを知ることができます。

「放射能」という言葉

ところでみなさんは「放射能」という言葉を聞いたことがありますか。

日本語の「放射能」のもとになったのは，今から100年前にキュリー夫妻が作ったradioactivity，ラジオアクティビティという言葉です。「ラジオ」とは「放射」，「アクティビティ」は「活発さ」という意味で，夫妻はこの言葉を「放射性原子の活発さ」を表すために使いました。キュリー夫妻はウラン鉱石からラジウムという放射性原子を発見したとき，ウラン原子と比べてとてもたくさんの放射線を出していることに驚き，「ウラン原子よりも活発に放射線を出している」という意味で「ラジオアクティビティが大きい」と言い表したのです。そしてその言葉はその頃の日本の物理学者にも取り入れられ，「放射能」と翻訳されて使われるようになりました。

放射能・放射線に関する言葉の整理

1. **放射性原子**……**放射線を出す原子のこと**。放射性原子を含む物質を「放射性物質」ということもあります。

2. **放射線**……**放射性原子から出てくるもの**。アルファ線やベータ線などの総称。

3. **放射能**……**放射性原子が〈どのぐらい活発に放射線を出すか〉を示す**言葉。

放射能という言葉のかわりに科学者たちは「放射活性(かっせい)」という言葉も使っています。これもキュリー夫妻のラジオアクティビティを翻訳した言葉です。私は「放射活性のほうが本来の意味をよく表している」と思うのですが，どうでしょう。

放射能（放射活性）の大きさを表す単位＝ベクレル

放射能が「活発さを表す」といっても，実際にはどうやって表しているのでしょう。

科学者たちは放射能を表すために「ベクレル：Bq」という単位を使って大きさを表しています。この単位はウラン原子の放射線を発見したアンリ・ベクレルの名前から取っています。

1ベクレルは「その物質の中で1秒間に1個の原子が変身して放射線を出した」とい

う意味です。たとえば「この物質の放射能は 10 ベクレルです」という時は，「その物質では 1 秒間に 10 個の原子が変身して放射線を出している」という意味になります。

放射能（放射活性）を測る実験

ここで 46 ページで登場した、〈トリウム原子から出てきた気体〉の放射能（放射活性）を調べてみましょう。

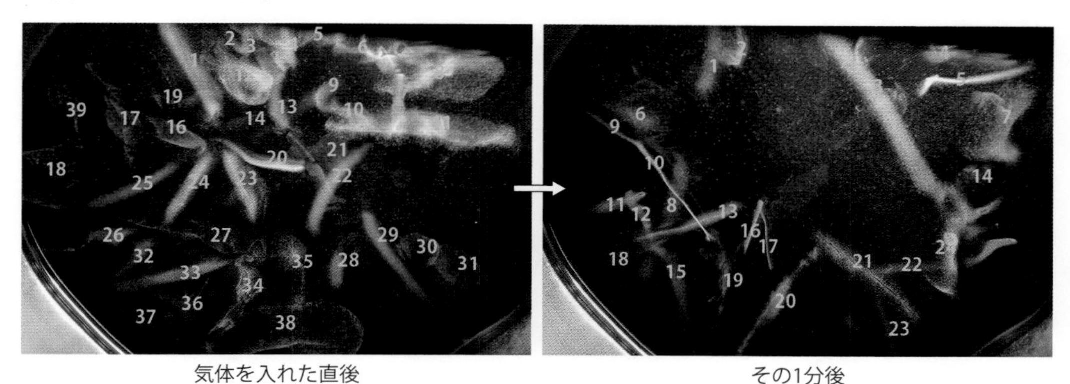

気体を入れた直後　　　　その1分後

これは霧箱の中にトリウムから出た気体を入れた直後と，その 1 分後の写真です。

入れた直後の写真では 39 本，そして 1 分後の写真では 24 本の飛跡を数えることができました。この写真のシャッタースピードは$\frac{1}{13}$秒なので，1 分間に直す（それぞれの写真の飛跡を 13 倍する）と 507 本と 312 本。霧箱内の気体の放射能をベクレルで表すと「507 ベクレルから 312 ベクレルに小さくなった」となります。この気体の放射能は 1 分でだいたい半分ぐらいに減ったということになります。

一方、この気体の半減期もおよそ 1 分（55 秒）でした。半減期というのは「放射能が減る速さ」を表しているとも言えます。

この方法では霧箱で見えない放射線や数えにくい飛跡もあるので，おおざっぱにしかわかりませんが，それでも放射能の変化を目で見て感じることはできます（科学者が放射能を測るときは専用の測定器を使って物体から出てくる放射線を数えて測ります）。

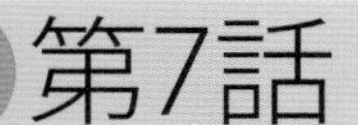

第7話 放射線はどこから来るのか

第６話で見た〈空っぽの霧箱〉の中に飛んでいた飛跡＝放射線はいったいどこから飛んで来たのでしょうか。

私は霧箱で放射線を見る実験をいろいろな場所で行ってきましたが，どこで見ても同じぐらいの数でした。そこでふと「どこでも同じぐらいというなら，もしかすると太陽から出る放射線が見えているのかもしれない」と考え，太陽光の当たる場所に霧箱を置いて，昼と夜とで飛跡を数えてみました。しかし，昼と夜に飛跡の数の違いはありませんでした。次に，地球の中から放射線が出ているのかもしれない」と思い，いろいろな場所で放射線を調べてみました。霧箱は持ち歩くには不便なので，こういう場合は放射線測定器を使った方が便利です。

放射線測定器にはさまざまなタイプがありますが，この実験では〈その場所に飛んでいる放射線が多いか少ないか〉だけを知りたいので，測定器の説明は省いて，数字の大きさだけに着目することにします。

放射線は地球の中から出ているのか？

放射線が地球の中から出ているかどうか調べるといっても，どうしたらよいでしょう。〈私たちが行けそうな地球の中〉ということで，岩石でできた山を貫いて作られたトンネルの中で放射線を調べ，トンネルの外と比べてみることにしました。

自宅から近い山に向かい，まずトンネルに入る前に測ってみると 0.035 でした。

トンネルに入る前　　トンネルの中

トンネルの中では 0.091 と数字が大きくなりました。

放射線は強くなりましたが，地球の中からというより，トンネルのまわりの岩石から放射線が出ているのかもしれません。そこで次は，岩石がたくさん使われているところで測ってみることにします。

岩石がたくさん使われている場所で測ってみる

〈岩石がたくさん使われている場所〉ということで，私が住んでいるマンションで実験してみることにしました。

マンションの壁や床には〈みかげ石〉という石材が使われています。みかげ石は地球の陸地で最も多い花崗岩（かこうがん）という岩石を磨いてきれいにしたものです。建物の壁や床のほか，墓石などにも使われています。

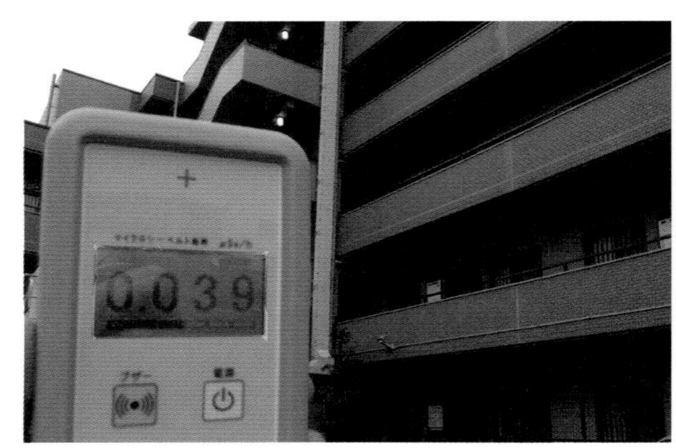

マンションの放射線

花崗岩の放射線

建物の外では 0.039 でした。そして建物の中へ入って花崗岩（かこうがん）でできた壁のすぐ近くでは 0.134 と，私の予想通り外で測った時よりも数字が大きくなりました。

科学者が調べたところ，花崗岩（かこうがん）（みかげ石）以外にも放射線を出している岩石は多くあります。地中深くで花崗岩などの火成岩ができるとき，ウランやトリウムなどの放射性原子が混じってできるそうです。

海の上の放射線はどうなるか

それでは地球上でも陸ではなく，海の上ならどうでしょう。「地球の岩石から放射線が出ているなら，海からだって放射線が出ているのではないか」と気になっていたのです。そこで私は船に乗って実験することにしました。

実験する船は自宅（静岡県浜松市）から一番近い愛知県の伊勢湾で運行するフェリーで行うことにしました。

まず，船に乗る前に陸で放射線を測ると 0.054 でした。そして船が出発して，陸から離れて海の上にくると，放射線の数字はどんどん小さくなり，0.005 と陸の $\frac{1}{10}$ まで減りました。

陸の放射線

海の上の放射線

別の日に私は学校のプールや大きな川の橋の上でも測ってみました。やはり水の上でも放射線測定器の数字は小さくなりました。陸上と水の上では放射線量がずいぶん違っています。

科学者が調べたところ，水からは放射線がほとんど出ていなくて，むしろ放射線をさえぎる効果があるそうです。海の上で計った測定器の数字が小さくなったのも，海底の岩石から出た放射線が海水でさえぎられたからなのです。

温泉の放射線の発見

皆さんはラジウム温泉を知っていますか。

右の記事は「新潟県の村杉温泉が世界トップクラスの放射線が多い温泉だ」と報じた 1915（大正 4）年 6月8日の『新潟新聞』です。

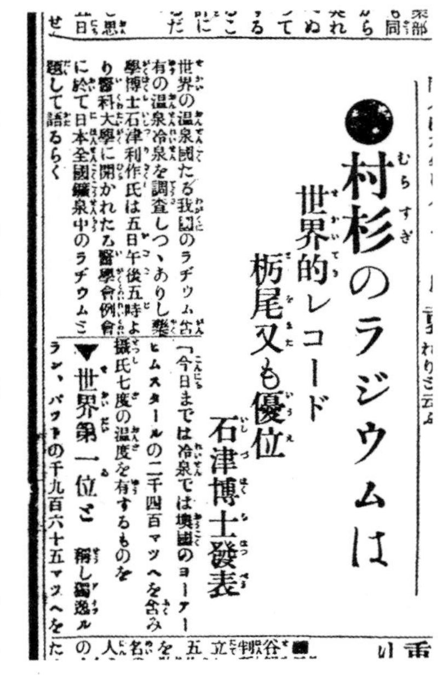
●村杉のラジウムは
世界的レコード
栃尾又も優位
石津博士發表

世界の温泉國たる我國のラヂウム含有の温泉冷泉を調査しつゝありし藥學博士石津利作氏は五日午後五時より醫科大學に開かれたる醫學會例會に於て日本全國鑛泉中のラヂウムと題して語るらく

「今日までは冷泉では墺國のヨーアーヒムスタールの二千四百マツヘを含み攝氏七度の温度を有するものを

▼世界第一位と 稱し獨逸ルラン、バワトの千九百六十五マツヘをた

キュリー夫妻によってラジウム原子が発見（1898年）されてまもなく，欧米では「温泉には放射線がたくさん出ているものがある」と知られるようになりました。そして日本でも各地の温泉が調査され，放射線がたくさん出ている温泉のことを「ラジウム温泉」と呼ぶようになりました。その呼び名は今でも使われています。

ラジウム温泉の放射線が多いなら，そこに霧箱を持っていったらたくさんの飛跡が見えるかもしれません。私はそう思って山梨県の増富（ますとみ）ラジウム温泉に霧箱を持っていくことにしました。

看板に残る「ラジウム含有」の文字

ラジウム温泉で霧箱を見る

温泉旅館の部屋に霧箱を置くと，予想通り霧箱にはたくさんのアルファ線が見えました。しかし，この飛跡はラジウム原子が出したものではありません。実は「ラジウム温泉」と呼ばれていても，温泉水にラジウム原子が含まれているわけではありません。この温泉がわき出す地下の岩石にラジウム原子が多く含まれていて，温泉水にはラジウム原子が変身した「ラドン」という原子が溶け込み，それが放射線を出しているのです。

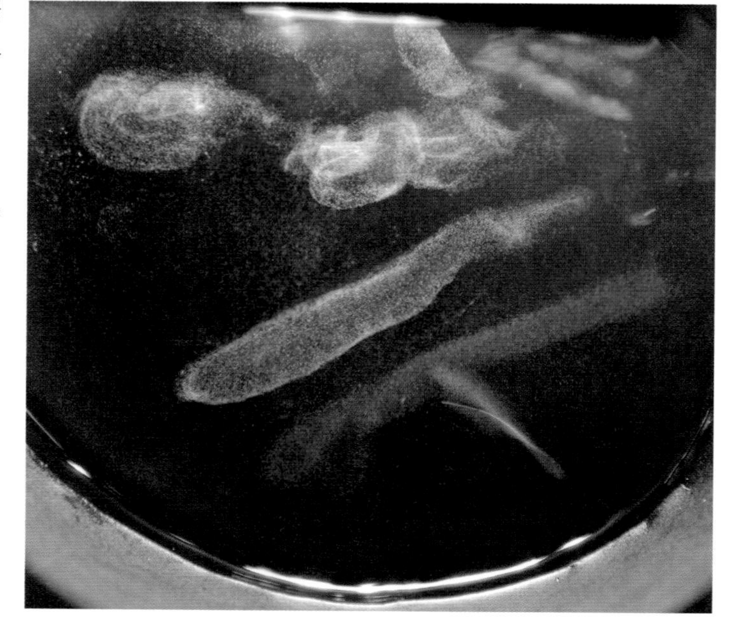

ラドンという名称は，ラジウム原子の Radium（ラディウム）と「わき出すもの」という意味の emanation（エマネーション）をくっつけて「Radon（ラドン）」と名付けられました（1923 年）。

放射線の発生源がわかった今は「ラドン温泉」とすべきでしょうが，長い間親しまれてきた「ラジウム温泉」という名称が今でもそのまま使われているというわけです。

ラドン原子はどこでも見つかるありふれた放射性原子です。日本の空気 1 m^3 の中には平均でおよそ 500 万個のラドン原子があって放射線を出しています。それは多くの岩石にラドン原子のもとになるラジウム原子が含まれているからです。

地球の岩石に含まれているそれらの放射性原子は，変身するとき熱を出します。その熱は地球内部で発生している熱の半分を占めているそうです。その熱は火山や温泉を作りだし，大陸を動かす力にもなっています。

静電気で身の回りの放射性原子を集める

身のまわりにある放射性原子は，簡単に集めることができます。この方法は日本科学技術振興財団の掛布智久さんに教えていただきました。

実験方法

1. バルーンアート用の細長い風船（塩化ビニール製）を用意する。
2. 風船を膨らませたら，乾いたティッシュペーパーでこすって風船に静電気を起こす。
3. 花崗岩（かこうがん）やコンクリートの壁にはり付けておく（目安は 30 分以上）。静電気が十分に発生していれば自然にはり付きます。
4. 30 分ほど過ぎたら風船の空気を抜いて，小さな器に入れて霧箱の中に入れる。風船がぬれないように注意する。

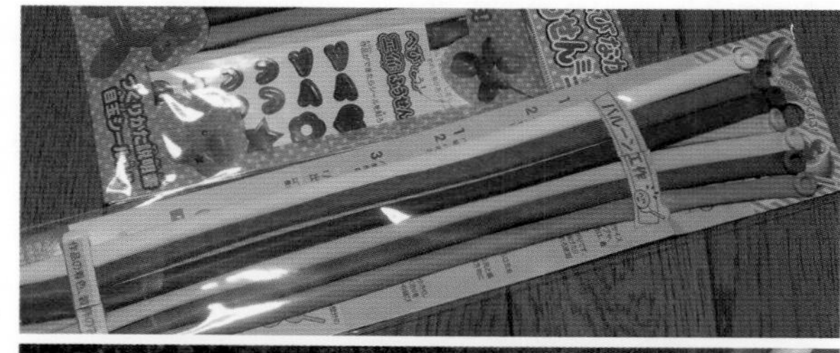

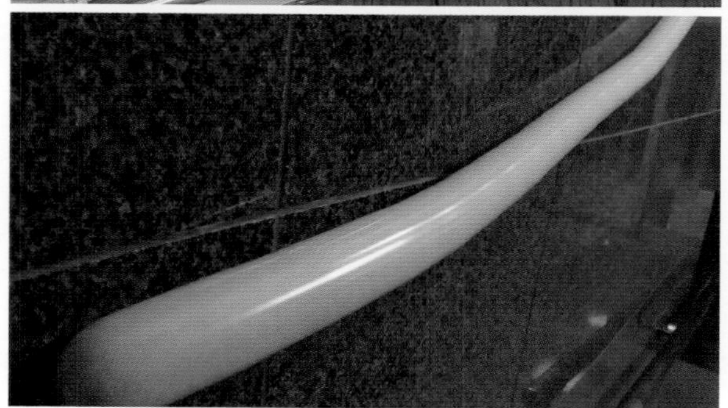

実験結果はこのようになりました。

風船からアルファ線が出ています。

風船に静電気を起こすと，ホコリなどと一緒に放射性原子が引き寄せられて集まり，それらの原子が放射線を出して変身したのです。

私は「空っぽの霧箱」で見える放射線をいろいろな場所で見せてきましたが，多くの人の反応は「何もなくてもこんなにたくさん飛んでいるんですか」というものでした。

多くの人にとって放射線は〈特別なものから出てくる特別なもの〉というイメージですが，この実験は〈放射線を出す原子は特別なものではなく，いろんな場所にある，身の回りにある原子の一つだ〉ということを教えてくれています。私自身もこの実験を見て「放射線はどこにでも飛んでいる，ありふれたものだ」と感じました。あなたはどう思いますか。

原発事故で身の回りの放射線が100倍になったところで霧箱を見る

2011年3月11日。東日本大震災が引き金になり，福島第一原子力発電所で〈普通ではない〉事故が起こりました。原子力発電所の建物が爆発して，放射性原子が広い範囲に飛び散ったのです。当時は毎日，福島県各地の放射線の数字が報道されていました。

私はこの事故での放射線の状況を実際に確かめたいと思いました。しかし，大きな被害を受けた場所に素人が行くのは，被災した人々にとって迷惑かもしれないと思いとどまっていました。けれどやはり「今しか調べられない」という気持ちを抑えきれず，事故から半年たった2011年9月に意を決して，原発事故の被災地を訪れました。

原発周辺は立ち入り禁止になっていて入れませんでしたが，あちこち移動しているうちに，特に放射線が多い場所を見つけました。この場所では測定器の数字は9.999を示していました。

これまで見てきた測定器の数字は，せいぜい0.08ぐらいだったので，これは100倍の数字です。さらに，この測定器は10以上は測れないので，この数字は〈測定器が振り切れた〉ということです。

＊

その後，私は林さんの霧箱を知って使いこなせるようになると，この場所の放射線を目で見たいと思うようになりました。そこで，事故から1年あまり過ぎた2012年の5月13日に，霧箱を持って再びこの場所に行くことにしました。

霧箱はまわりが明るいと飛跡が見にくいので，夜中に福島県に着くように自宅を出発しました。現場についてすぐ，前と同じ測定器で放射線を測ると数字は8となっていました。今度は数値が振り切れなかったので，1年たって放射線が減ったのでしょう。しかし，それでも普通の場所より桁違いに放射線が多い状況は変わっていませんでした。

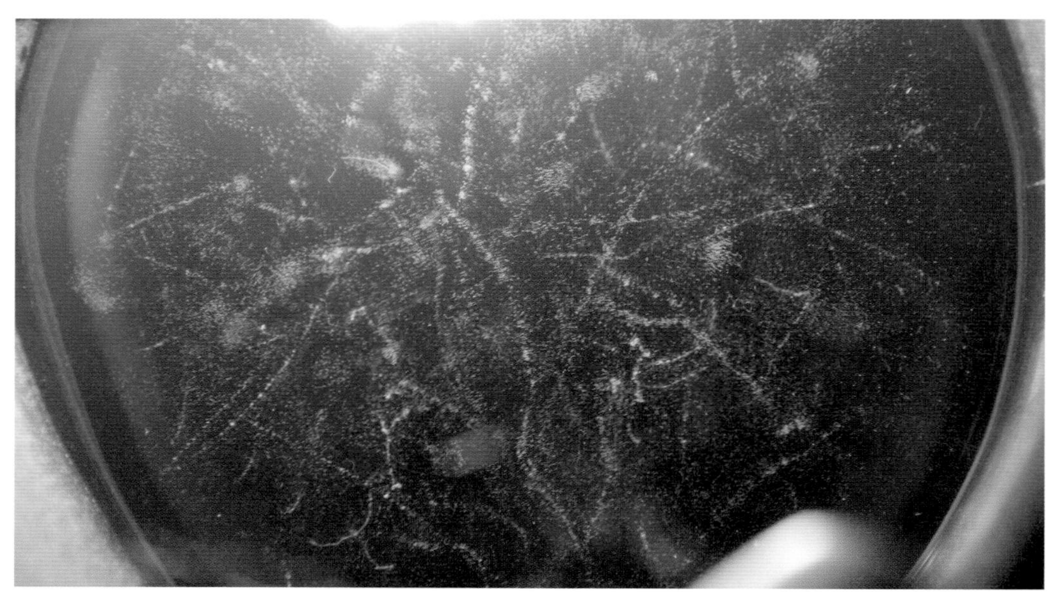

霧箱をセットすると次から次に無数の飛跡がわき出して見えました。どのくらい放射線が飛んでいるのか数えるのも不可能な飛跡の多さは，この場所に放射線を出す原子がたくさんあることを見せていました。私は事故の現実を霧箱で見て，とても暗い気持ちになりました。ここの住民は全員避難してあたりは真っ暗です。明かりは実験している私の車のところだけ。空には天の川が光っていました。

この場所はその後まもなく2012年7月から立ち入り禁止となり，継続的な霧箱の実験ができなくなりました。私はその後何度もこの周辺を訪れていますが，そのたびに出ている放射線は減っていきました。いつかこの場所に入れる日が来たら，また訪れようと思います。

いろいろな放射性原子

下の表は「原子の周期表」といって，これまで発見された原子を重さや性質などを元に一定の規則に従ってならべたものです。

ラザフォードとソディが見つけたトリウム×原子もこの中にあります。トリウム×原子の現在の名前は「ラジウム」です。この表では 88 番目に Ra と書いてあります。

1 H 水素																	2 He ヘリウム
3 Li リチウム	4 Be ベリリウム											5 B ホウ素	6 C 炭素	7 N 窒素	8 O 酸素	9 F フッ素	10 Ne ネオン
11 Na ナトリウム	12 Mg マグネシウム											13 Al アルミニウム	14 Si ケイ素	15 P リン	16 S 硫黄	17 Cl 塩素	18 Ar アルゴン
19 K カリウム	20 Ca カルシウム	21 Sc スカンジウム	22 Ti チタン	23 V バナジウム	24 Cr クロム	25 Mn マンガン	26 Fe 鉄	27 Co コバルト	28 Ni ニッケル	29 Cu 銅	30 Zn 亜鉛	31 Ga ガリウム	32 Ge ゲルマニウム	33 As ヒ素	34 Se セレン	35 Br 臭素	36 Kr クリプトン
37 Rb ルビジウム	38 Sr ストロンチウム	39 Y イットリウム	40 Zr ジルコニウム	41 Nb ニオブ	42 Mo モリブデン	43 Tc テクネチウム	44 Ru ルテニウム	45 Rh ロジウム	46 Pd パラジウム	47 Ag 銀	48 Cd カドミウム	49 In インジウム	50 Sn スズ	51 Sb アンチモン	52 Te テルル	53 I ヨウ素	54 Xe キセノン
55 Cs セシウム	56 Ba バリウム	57 La ランタン	58 Ce セリウム	59 Pr プラセオジム	60 Nd ネオジム	61 Pm プロメチウム	62 Sm サマリウム	63 Eu ユウロピウム	64 Gd ガドリニウム	65 Tb テルビウム	66 Dy ジスプロシウム	67 Ho ホルミウム	68 Er エルビウム	69 Tm ツリウム	70 Yb イッテルビウム	71 Lu ルテチウム	
			72 Hf ハフニウム	73 Ta タンタル	74 W タングステン	75 Re レニウム	76 Os オスミウム	77 Ir イリジウム	78 Pt 白金	79 Au 金	80 Hg 水銀	81 Tl タリウム	82 Pb 鉛	83 Bi ビスマス	84 Po ポロニウム	85 At アスタチン	86 Rn ラドン
87 Fr フランシウム	**88 Ra ラジウム**	89 Ac アクチニウム	90 Th トリウム	91 Pa プロトアクチニウム	92 U ウラン	93 Np ネプツニウム	94 Pu プルトニウム	95 Am アメリシウム	96 Cm キュリウム	97 Bk バークリウム	98 Cf カリホルニウム	99 Es アインスタニウム	100 Fm フェルミウム	101 Md メンデレビウム	102 No ノーベリウム	103 Lr ローレンシウム	

ところで，ラザフォードたちよりもずっと前に，キュリー夫妻がウラン鉱石の中から発見した原子もラジウムという名前でした。ラザフォードとソディが見つけた原子は，結局キュリー夫妻が先に見つけていたということなのでしょうか？

２つのラジウムはどちらも放射線を出すことから見つかった原子で，キュリー夫妻が見つけたラジウムの半減期は 1600 年です。人間の寿命程度では全く変化しないといって良い，ゆっくりした変身です。一方，ラザフォードとソディがトリウムの中から発見したトリウム×原子（^{88}Ra ラジウム）の半減期は 3.6 日で，数日もたてば放射線が少なくなっているのが分かる速さで変身しています。この２つのラジウムは，見つけられた鉱物や薬品も違うし，放射線の出方も全く違います。それなのに，どうして同じ名前の「ラジウム」になっているのでしょうか？

どうやって原子を区別するか

ある原子と他の原子が別の種類の原子かどうかを知るには，原子の性質の違いを知る必要があります。例えば，鉄原子のかたまりは 1500℃で融けて液体になりますが，銅原子のかたまりは 2500℃で融けて液体になります。だから私たちは鉄と銅は別の原子だと区別できます。

ところがラザフォードたちが発見したトリウム×原子とキュリー夫妻が発見したラジウム原子は性質に違いが無くて，混じってしまうとどんな方法を使っても見分けることができませんでした。違いと言えば放射線の出方だけだったので，科学者たちは〈性質で種類を決めるか，放射線の出方で種類を決めるか〉と悩むことになりました。

1913 年にソディはそのような〈放射線の出方は違うが，どんな手段を使っても混じると分けることができない原子〉のことを「同位体」と呼ぶことを提案しました。「周期表の同じ位置に入る原子」という意味です。そして，「ラジウム原子とトリウム×原子は同位体だ」として，周期表の 88 番の欄に「ラジウム」という名前で一緒に入れることになりました。

では，ラザフォードとソディが行った実験を周期表で見ていきましょう。

トリウム原子はアルファ線を出すたびに変身して，周期表の位置（マス目）２つ分変身します。

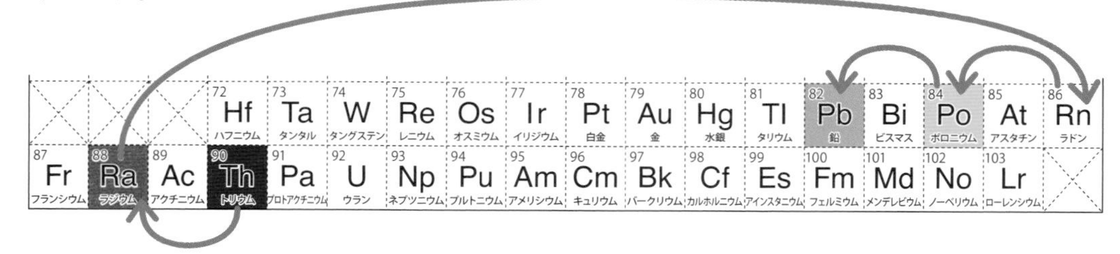

図のように，90 番目のトリウム原子 (Th) は，半減期 140 億年というゆっくりした速さで 88 番のラジウム原子 (Ra) に変身します。そしてラジウム原子は半減期 3.6 日の速さで 86 番のラドン原子 (Rn) に変身し，次に 55 秒の半減期で 84 番のポロニウム原子 (Po) に変身し，さらにわずか 0.5 秒の半減期で 82 番の鉛原子 (Pb) に変身します。

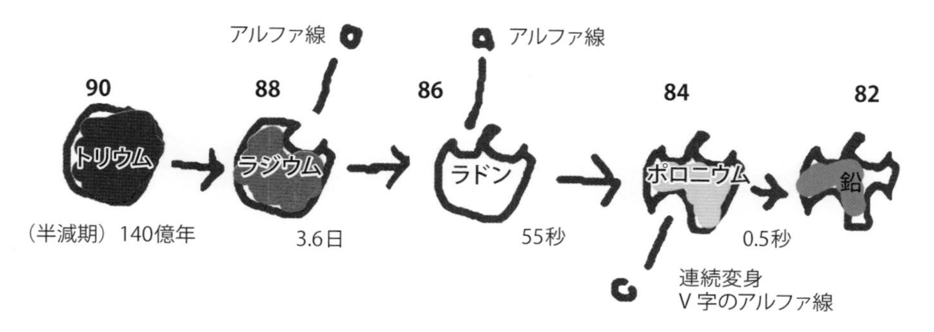

鉛に変身した原子はもう放射線を出しません。原子の変身は鉛でおしまいです。

注：73ページの実験で〈静電気で風船に集まった放射性原子〉は，主にラドン原子が変身してできたポロニウム原子です。

カリウム原子の同位体が出す放射線を霧箱で見る

77 ページの周期表の 19 番目にあるカリウム原子には同位体があり，放射線を出すカリウム原子と出さないカリウム原子があります。同位体といっても放射線を出さない同位体もあります。放射線を出す同位体のことを〈放射性同位体〉と呼んでいます。

カリウムは植物の成長に必要な原子で，肥料として売られています。

園芸店で売られていたカリウム肥料（写真には「加里」と書かれている）に放射線測定器を近づけてみると，私の自宅よりも少し多い 0.2 程度の放射線が出ていました。肥料の中のカリウム原子にも自然に放射性同位体が混じっていて，放射線を出しています。

実験

この肥料を霧箱に入れて観察してみましょう。

肥料はペットボトルのふたに入れてみました。実験結果は，次の写真のようにベータ線が出ていました。

放射性同位体は放射線を出す・出さない以外の性質はまったく同じなので，植物に限らず生物は，それを区別することができません。結果として植物に取り入れられた放射性同位体は，それを食べる生物にも取り入れられ，植物や動物の体内でも放射線を出すことになります。

放射線を出すカリウム原子は放射線を出してカルシウム原子やアルゴン原子に変身します。このうちアルゴン原子は気体のため，空気中に出てきます。そして地球ができて45億年の間，アルゴン原子は空気中にたまり続けました。そのため現在では，地球の空気の成分の中では窒素原子・酸素原子に次ぐ第3位の量になっています。

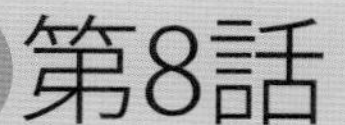

第8話

宇宙の中の地球と放射線

第７話では，地球内部の岩石から出ている放射線や，空気中にあるラドン原子から出る放射線，土壌に含まれているカリウム原子の同位体から出ている放射線などを霧箱で見てきました。目には見えないけど，地球を形作っている物質（原子）からたくさんの放射線が出ていました。

では，それらの放射線は地上からどれくらいの高さまで存在しているのでしょうか。100 mくらいでしょうか，それとももっと上空まででしょうか。そんなことが気になって，このような実験をやってみました。

東京タワーで放射線を測る

地球内部の岩石から放射線が出ているなら，地面から離れれば放射線は減るはず。そう考えて私は研究仲間の小林眞理子さんと，東京タワーの上と下で放射線の量を比べることにしました。

前ページの写真のように，東京タワーの真下では 0.065 の数字でした。そして 600 段の階段を登っていくと予想通り放射線はだんだん少なくなり，「地上 115m」の表示のところでは 0.009 と，かなり数字が小さくなりました。

これと同じ実験を愛知県瀬戸市の高木仁志さんが〈名古屋テレビ塔〉でもやってくれました。そのときも「地面から離れた上の方では数字が小さくなる」という結果が出ました。やはり地面を離れるにつれ放射線は減りました。

飛行機の中で放射線を測る

では，このままどんどん地面から離れて高く上れば，放射線はどんどん減っていって，無くなってしまうのでしょうか。そこで私は放射線測定器を持って飛行機に乗り，空を飛んでいるときの放射線の量を測ってみることにしました。

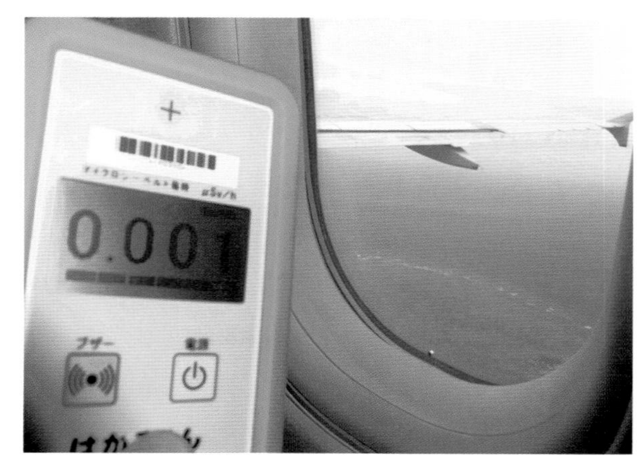

飛行機が離陸して地面から離れていくと，測定器の数字はどんどん小さくなっていき，0.001 まで減りました。この測定器ではこれ以上測れないぐらい少ない放射線量です。

ところが，そこからさらに飛行機が上昇して行くと，今度は反対に測定器の数字はどんどん大きくなりました。

左の写真は，別の時に撮った高さ1万メートルの雲の上を飛んでいるときの写真です。測定機が違いますが，性能はほぼ一緒なので，数字だけを見比べます。

高い空では 2.69 と，地上よりもかなり大きな数字になっていました。

私は行き先を変えて飛行機に乗って何回も放射線を測ってみました。そしていつも数千から1万メートルの高い空では，地上にいるときの何十倍も放射線が増えました。これは大地から出る放射線以外に，高い空には別の放射線が飛んでいるからです。その放射線のことを科学者は「宇宙からくる放射線＝宇宙線」と呼んでいます。

山の上で霧箱を見る

測定器の数字から宇宙線が影響していることは分かりましたが，やはり私は「宇宙線も霧箱で見たい」と思いました。しかし，ドライアイスやアルコールを使う霧箱を飛行機の中に持ち込むことは航空会社が許可してくれないでしょう。

そこで私は少しでも宇宙に近い場所で実験しようと考えました。私が選んだのは長野県の「千畳敷カール」と呼ばれる標高 2600 mの場所です。ここならロープウェイで行けるし，山の上にホテルがあるので霧箱実験を行うには都合がいいと思ったのです。

山の上のホテルで霧箱を見ていると，直径 13cm の霧箱を横切る長い飛跡が何度も出ました。これまで見てきたアルファ線やベータ線とは違って，細く長くまっすぐな飛跡です。

科学者はこの宇宙線の飛跡を作った粒を「ミュー粒子」と名付けています。

広大な宇宙空間では，原子より小さい粒がものすごい速さで飛びかっています。その粒は地球にも飛んできて，大気圏で空気中の原子にぶつかって原子を粉々に砕いてしまうそうです。そしてそのカケラもすごい速さで飛び散って，一部は地上にある私たちの霧箱にまで飛んできて，長くまっすぐな飛跡を作ります。

注：科学者は宇宙から地球に飛んできた粒を「一次宇宙線」と呼び，地球の原子を壊してできたカケラを「二次宇宙線」と呼んでいます。ミュー粒子は二次宇宙線の一つです。宇宙線については，山本海行・小林眞理子『きみは宇宙線を見たか』（仮説社，2018 年）で詳しく紹介しています。

実験：宇宙線に磁力をかけてみる

宇宙線の飛跡はベータ線と似て細い飛跡ですが，まっすぐ直進しています。磁力をかけるとベータ線との違いがもっとはっきり分かります。

では，やってみましょう。霧箱を大きなネオジム磁石の上に置いて，宇宙線が飛び込んでくるのを待ちます。

この写真が実験結果です。

磁力のためにくるりと曲がっている飛跡がベータ線の飛跡で，ミュー粒子の飛跡はまっすぐのままです。ミュー粒子はベータ線と同じマイナスの静電気を帯びた粒ですが，うんと速いスピードで飛んでいるため，この程度の磁力では進路を曲げることができないのです。

宇宙線の一部は地上まで届いているので，山の上より少し減りますが，地球上どこでも見ることができます。あなたの部屋でもしばらく霧箱を眺めれば，長くて真っ直ぐな宇宙線の飛跡が霧箱を横切るのが見えるはずです。

実験：鉛板を貫く宇宙線を見る

宇宙線の飛跡は細く見えるので弱々しく感じますが，磁力で曲がらないほど速いだけではありません。こんなこともできます。

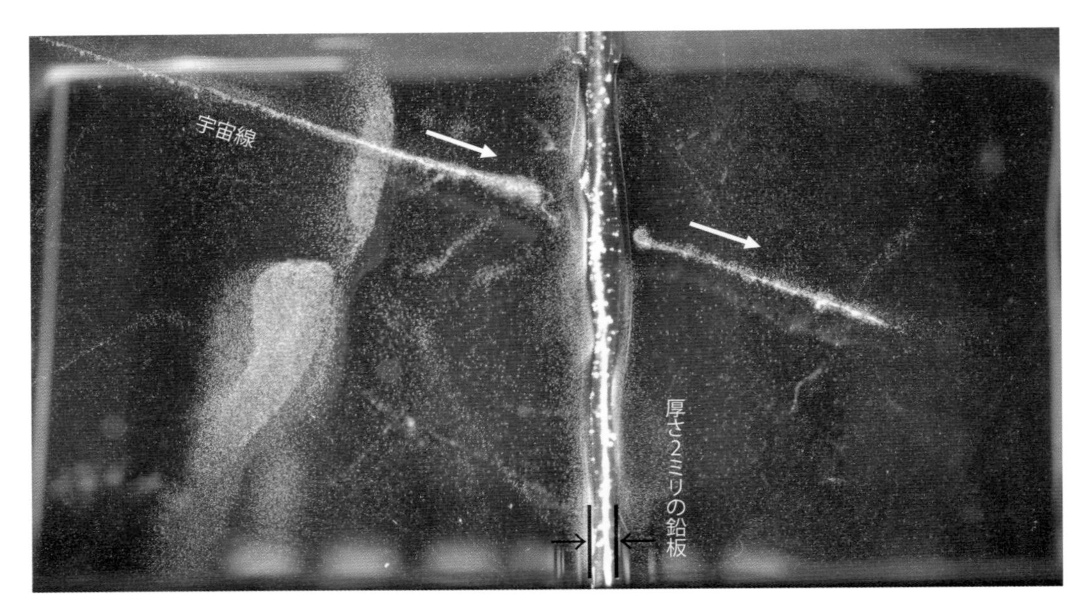

これは，大きな霧箱の真ん中に厚さ 2mm の鉛板を置いて行った実験です。

まっすぐな宇宙線が鉛板を突き抜けて飛んでいます。アルファ線やベータ線は鉛板を通り抜けられませんが，宇宙線の中には厚い岩盤を突き抜けて，地下深くまで届くものがあります。ミュー粒子もその一つです。

右の写真は厚さ 4 mm の鉛板を突き抜けた宇宙線の様子です。鉛板の右側上から斜め下方向に向かって細い飛跡がたくさん出ています。

これは，宇宙線（写真に写ってない，見えない宇宙線）が鉛板を通り抜けたときに原子が壊れ，そのかけらが鉛板から飛び出て飛跡を作ったのです。

宇宙線が作った放射線のシャワーを見る

あるとき私は霧箱の実験中にこんな光景を見ました。急にたくさんの飛跡が現れ，霧箱のなか全体が白くなりました。私はあわててカメラのシャッターを切りました。

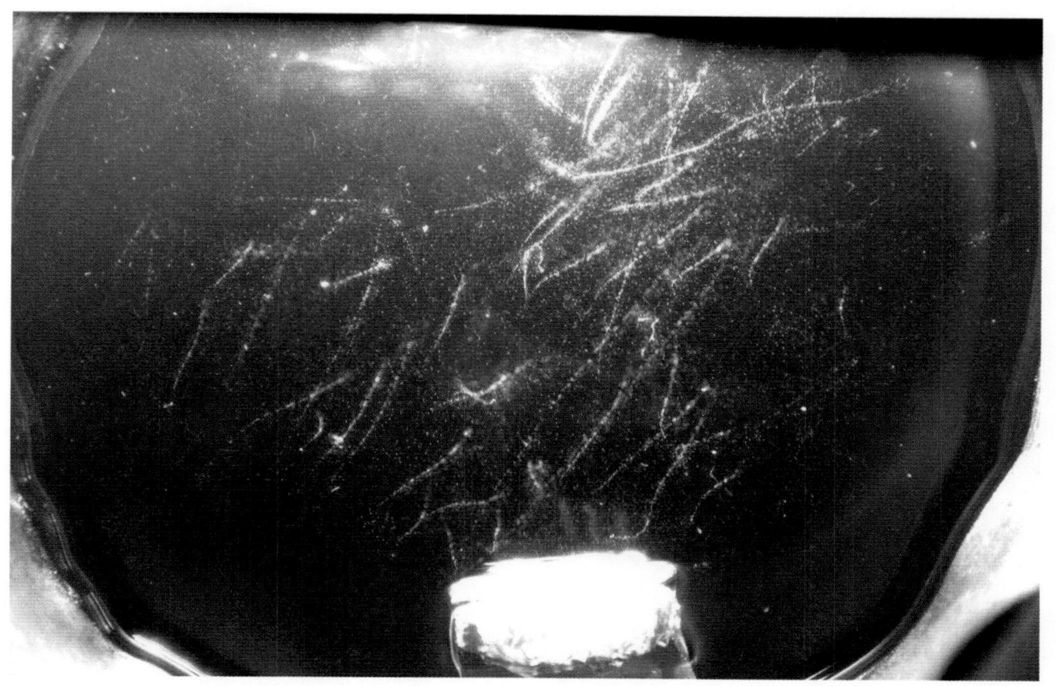

この飛跡は１～２秒で消えていきましたが，「一体何が起こったんだろう」「この飛跡は何だろう」と調べてみると，これは〈空気シャワー〉と呼ばれている現象だとわかりました。

空気シャワーは，とてつもなく大きなエネルギーを持った宇宙線の粒が飛んできて，大気中の原子にぶつかった時に起こるそうです。そんな宇宙線の粒が命中した原子は破壊されてすごい速さで飛び散ります。そしてそのカケラがまた別の原子にぶつかり，その原子も破壊されて飛び散って……とくり返し，あちこちに原子のカケラを飛び散らせます。その原子のカケラがシャワーのように地上に降り注ぎ，それが霧箱の中にたくさんの飛跡を作ったのです。

私は霧箱の実験を始めて４年間で２回だけこのような飛跡を見ました。下の写真も別の実験中に偶然見た「空気シャワーの飛跡」です。あなたも長く霧箱を見れば，いつかこのような光景を見ることがあるかもしれませんね。

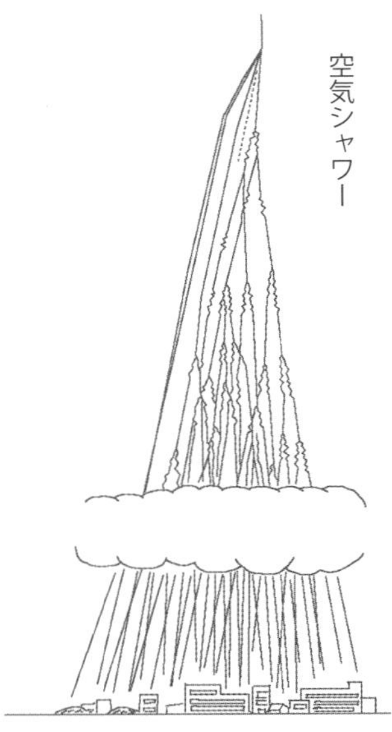

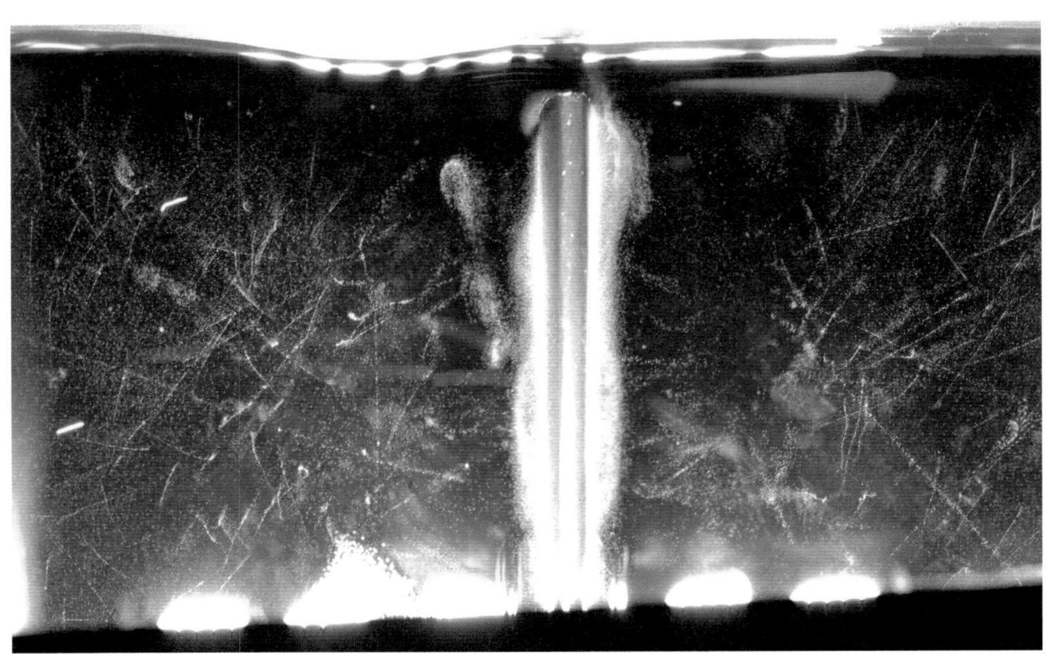

私が霧箱で観測した空気シャワー

第3章
霧箱で原子より小さい世界を見る

第9話 原子の中はどうなっているか

原子から放射線が出たり変身するとなると，「原子の中はどうなっているのだろう」と気になります。第９話は，私たちの霧箱で〈放射線を使って原子の中を探ってみた〉というお話です。

金箔にアルファ線をぶつける

ラザフォードは原子の中身を探るため，放射線がどのように原子を通り抜けるのかを調べています。しかし，第２話で見たように，アルファ線は１枚のサランラップも通り抜けることができません。そこで彼はサランラップよりさらに薄い金箔にアルファ線をぶつける実験をしています。私もそれをまねをして，上の写真のような黒い紙の枠にとりつけた金箔にアルファ線をぶつけることにしました。

金箔は厚さ１万分の１mmで，金の原子500個分になります。次ページ上の写真は金の原子を撮影した電子顕微鏡写真です。このように原子がぎっしり並んでいるところにアルファ線をぶつけていきます。

アルファ線を出す原子にはポロニウムを使いました。ポロニウムは 1898 年にキュリー夫妻がウラン鉱石の中から発見した放射性原子です。ポロニウムは 1 回アルファ線を出すと，それで変身終了です。霧箱の中に他の原子が出す飛跡が混じることがないので，ポロニウムはこの実験にはとても都合が良いのです。

下の写真が私の実験装置です。

右下からアルファ線が発射され，〈金箔＝500 個ほど並んだ金の原子〉の中をまっすぐ突き抜けて飛んでいます。

写真：日本エフイー・アイ（株）提供

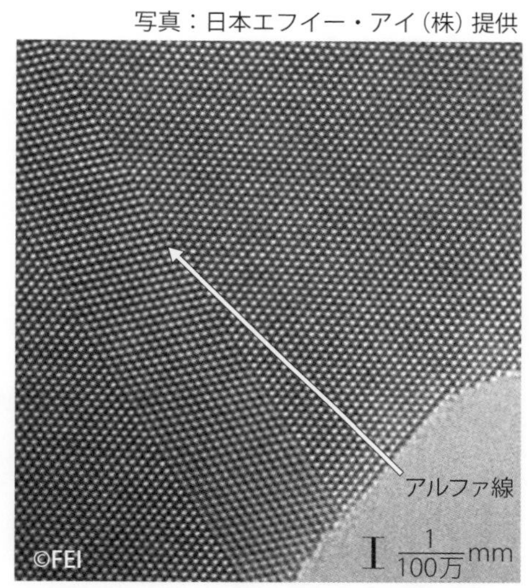

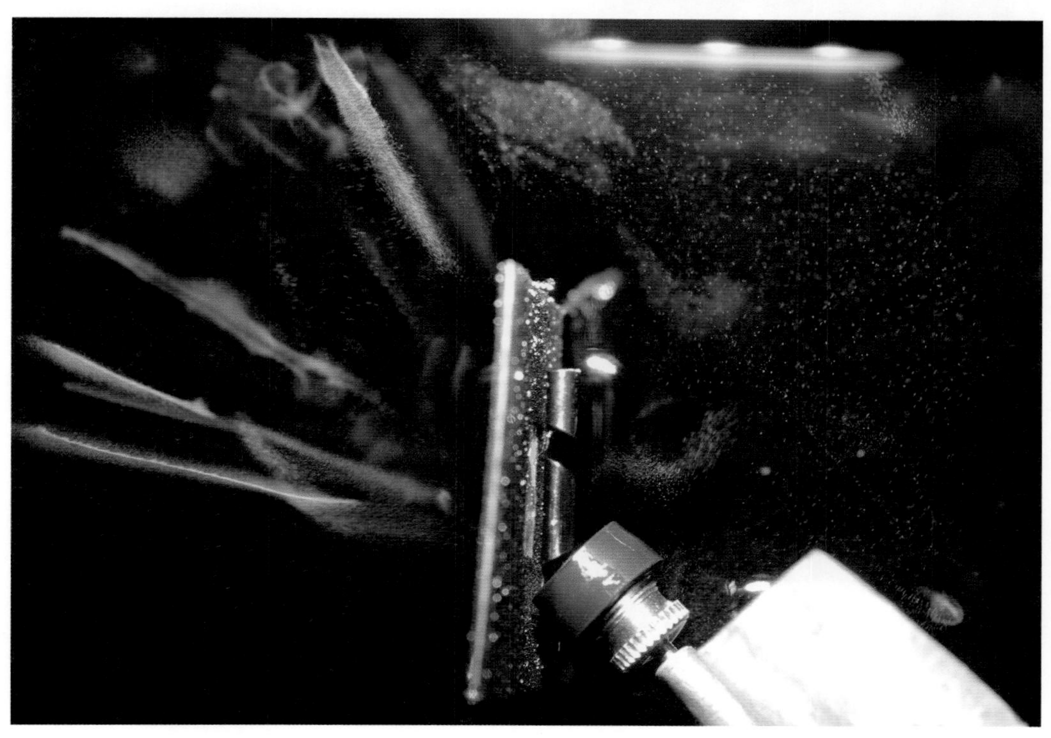

ラザフォードの時代には霧箱はなかったのですが，アルファ線を金箔にぶつける実験から，彼は「原子の中はすきまだらけのスカスカなものだろう」と頭の中で想像をめぐらしました。

はね返されるアルファ線

実験を続けていると，こんな飛跡が現れました。アルファ線が金箔の右側にも飛ぶのです。

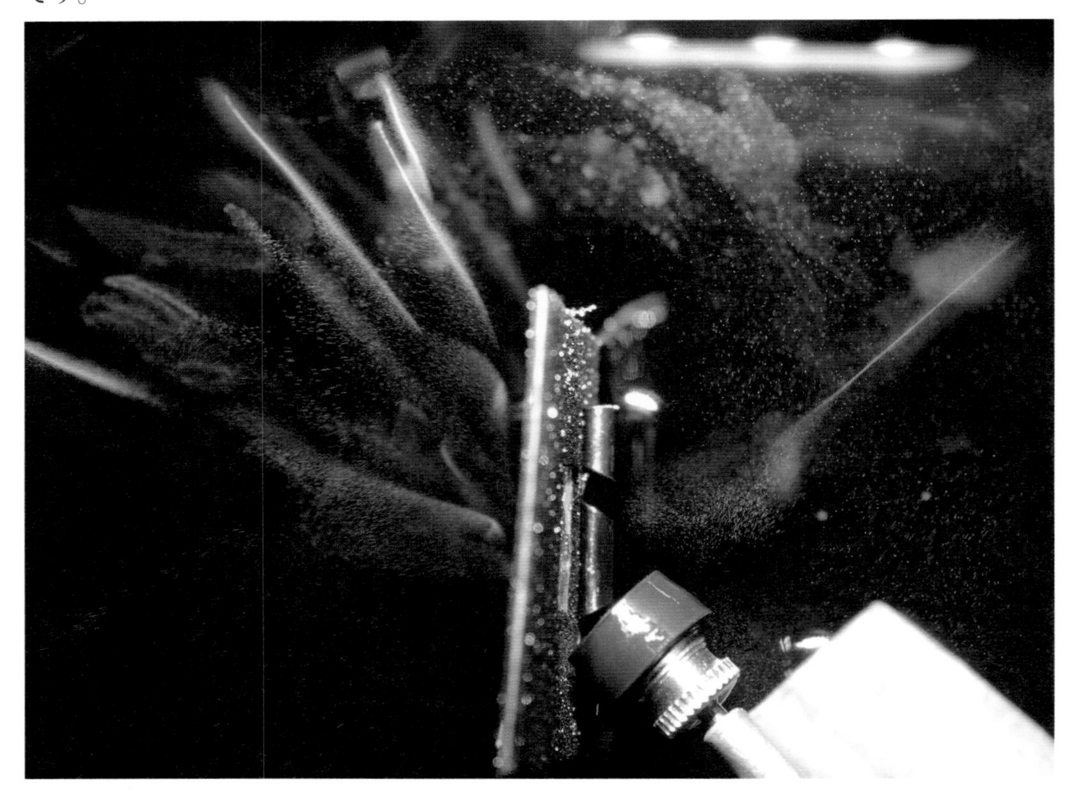

私が実験に使ったポロニウムは 1 秒間に 3000 個ぐらいのアルファ線が出ます。ポロニウムから飛び出したアルファ線は金箔を突き抜けて左側に飛跡を作りますが，ごくたまに金箔から右に飛ぶアルファ線があるのです。

右下のポロニウムからそんな方向に飛ぶのはおかしなことです。これと同じ現象をラザフォードは 1909 年に発見しました。

ラザフォードはアルファ線の性質を調べるため，磁石や電気を使って飛跡を曲げる実験を何度も行っていました。そうした研究から，アルファ線の重さや飛ぶ速さを知っていた彼にとって，こんなふうにアルファ線の進路が大きく曲がることは，信じられないことでした。

＊

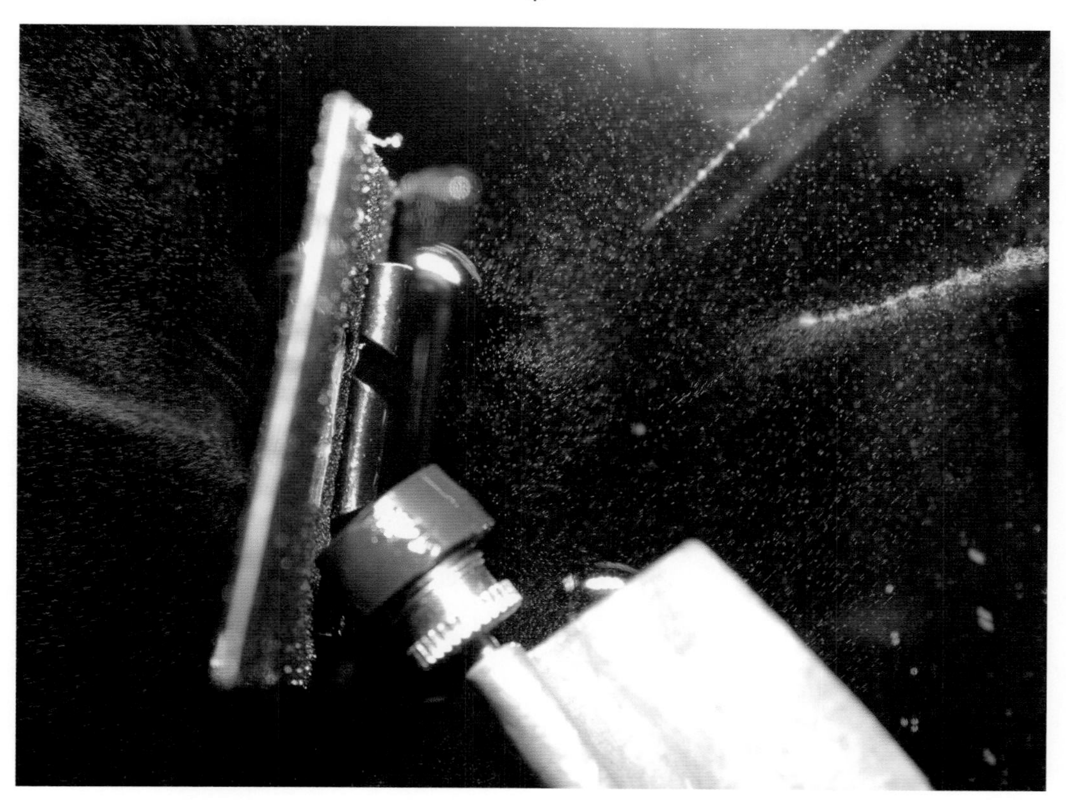

彼は後に，この現象を見たときのことを「ティッシュペーパーに向けて大砲を撃ったら，砲弾がはね返されたようなものだ」と語ったそうです。ラザフォードはこの結果をどう考えたのでしょうか。

原子の中を想像する

当時の科学者の間では「アルファ線とベータ線という形でプラスとマイナスの〈静電気を帯びた粒〉が原子から出てくる」ということや，〈プラスとマイナスの静電気を帯びた粒は，磁石のＮ極とＳ極のようにお互いに引き合う〉ということから「原子は〈静電気を帯びた粒〉が集まってできているのではないか」という予想がありました。

そして原子の中身については，主に２つの予想がありました。

予想 1

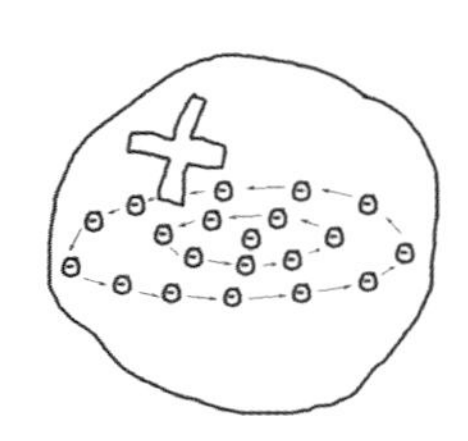

全体がプラスの静電気を帯びた大きな粒の中を，マイナスの静電気を帯びた小さな電子がいくつもの輪を作って，多数回転している。

そう考えると「電気の力が安定する」という説。

予想 2

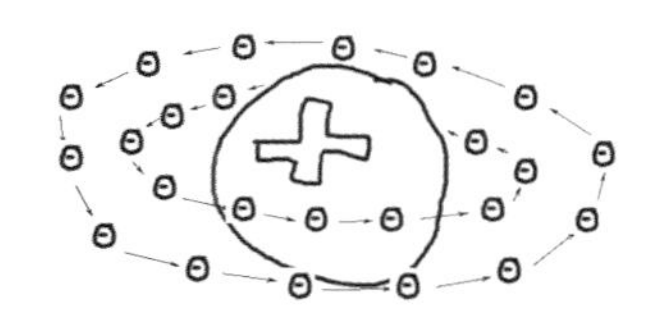

プラスの静電気を帯びた大きな粒のまわりを，マイナスの静電気を帯びた小さな電子がいくつもの輪を作って，多数回転している。

「土星の輪と同じ仕組みで安定している」と考える説。

アルファ線が金箔ではね返された実験をどちらがうまく説明できるか，私も考えてみました。

ほとんどのアルファ線が何百個もの金の原子を通りぬけるのを見ると，原子の中身全体がスカスカになっている予想１のモデルが正しそうに思えます。でも，「ときどきアルファ線をはね返す」という現象はうまく説明できそうにありません。

予想２なら，マイナス部分はスカスカでも，「プラスの本体にぶつかったときだけ，アルファ線をはね返す」と考えることができそうです。アルファ線はプラスの粒なので，お互いに反発力が働くからです。でもそれだと「はね返されるのはごくわずかだけ」という実験結果を説明することは難しそうです。

ラザフォードの出した答

ラザフォードは２年後にこの実験の答えを発表しました。それはどちらの予想とも違うものでした。

彼の答えは「原子の中はマイナスを帯びた粒が散らばっているが，大部分はスカスカ。そして中心にはずっしり重く，極めて小さなプラスの静電気を帯びた粒がある」というものでした。さらにアルファ線がはね返されたことについては，「アルファ線が金の原子の中心にあるずっしり重い小さな粒に近づいたときだけ，プラスの静電気同士の強い反発力が働いてアルファ線がはじき返された」と考えました。そして，アルファ線がはね返されるごくわずかな確率から計算して，「原子核やアルファ線は原子全体の１万分の１より小さい」と導きました。

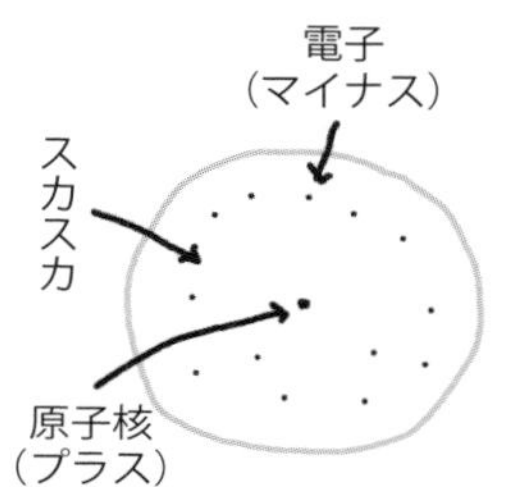

こうしてラザフォードは原子は〈巨大なスカスカと，中心にある重くて小さな粒からできている〉ということをあきらかにしました。現在では，原子の中心にあるプラスの静電気を帯びた粒を「原子核」，そのまわりの巨大なスカスカな空間を回っているマイナスの静電気を帯びた粒を「電子」と呼んでいます。

アルファ線の空中衝突をさがす

金の原子を直径 100 m の広場にたとえると，原子の中心の粒＝原子核は画びょう程度の大きさになります。そこで，広場の中心に画びょうを置き，外からそこに画びょうぐらいの大きさのアルファ線を投げつけても，中心の画びょう＝原子核にぶつかることは難しそうです。

しかし，ラザフォードによれば，１秒間に 3000 個ずつ投げ続ければ，１分間に何個かはぶつかる計算になります。霧箱の中にはものすごい数の気体の原子が入っているので，アルファ線が５cm 進む間に約 10 万個の空気の原子とぶつかります。そう考えると，まっすぐ飛んでいるアルファ線だって，霧箱の中の気体原子の原子核にぶつかってはね返されることもあるのではないでしょうか。

金箔のような固体の原子の集まりと違い，空気中の原子（や分子）はバラバラに飛んでいるので，空気の原子の原子核にぶつかる確率はとても小さいようです。でも，計算上の確率はゼロではありません。たくさんのアルファ線を観察すれば，きっと原子核との衝突現場が見つかるのではないでしょうか。衝突したらアルファ線が空中ではね返されてカクッと進路が曲がるのが見られるに違いありません。

私は１日がかりでアルファ線の写真を２万枚撮って，アルファ線の「空中衝突」がおきていないか探しました。これが実験結果です！

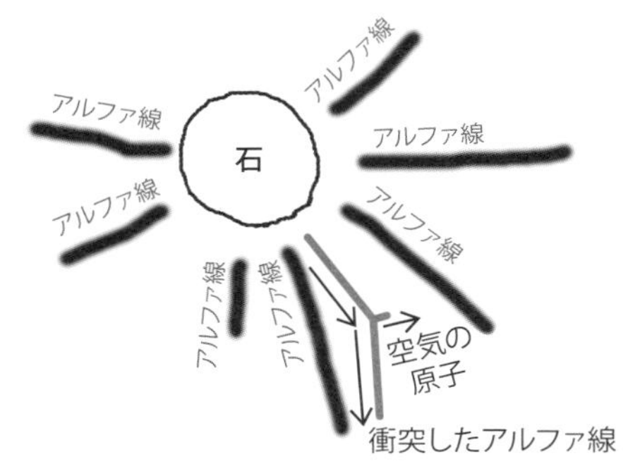

私が撮った２万枚の写真でも，それらしい飛跡は３枚しか見つかりませんでした。その中で一番よく分かる写真がこれです。

石の右下のところにカクッと曲がったアルファ線があります。これが空気の原子核に命中して跳ね返ったアルファ線です。

第10話
原子核の中へ

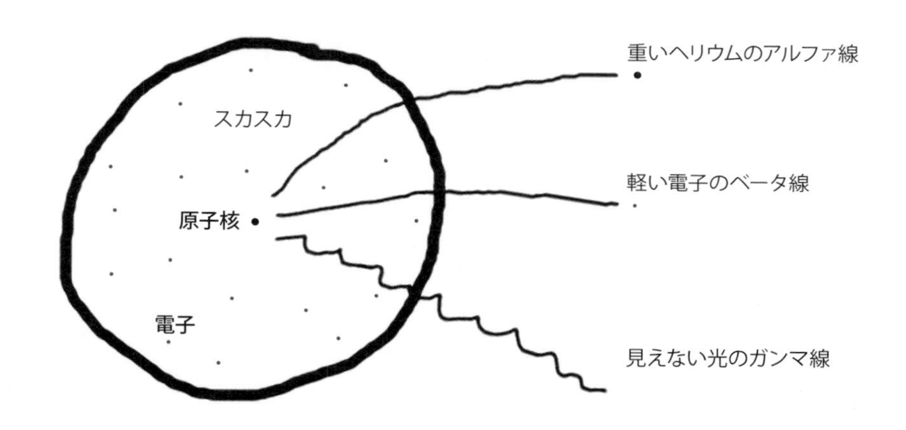

放射線の研究が始まる前までは，原子という粒はこの世界を作る〈これ以上分けられない最も小さな粒〉と考えられてきました。しかし，放射線の研究によって図のように，「原子から放射線の粒が飛び出してくる」ことや「まん中に重い原子核がある」ことなどが発見され，原子はこれ以上分けられない粒ではなく，もっと小さな粒が集まってできていることがわかりました。

しかし，発見はそれで終わりではありませんでした。第10話ではさらに原子の奥深く，原子核の中を放射線でさぐっていきます。

原子核を回る電子を見る

最初の実験は，原子核のまわりを回っている電子を見る実験です。エックス線発生装置としてクルックス管（真空放電管）を使いました。

写真のように霧箱にクルックス管をくっつけて，１万ボルトの電圧をかけて放電を作ります。

電源のスイッチを入れて，放電がはじまるやいなや，一瞬の間に下の写真のような白い霧（たくさんの飛跡）が現れました。

大量に現れた白い霧を詳しく見るために拡大して撮影してみました。

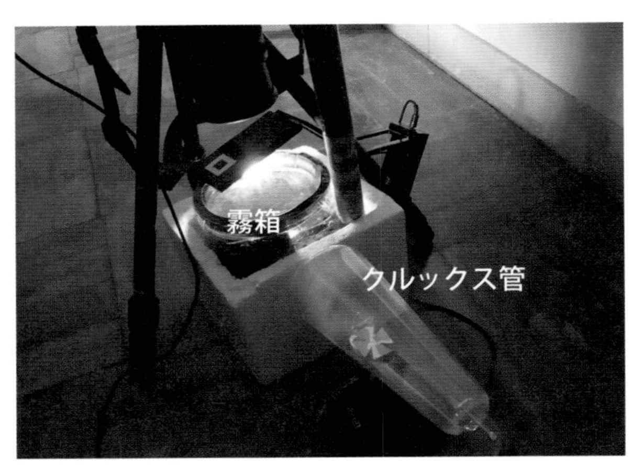

それが左の写真です。

霧の正体は，とても細くて短い白い飛跡の集まりでした。

この飛跡は，エックス線が霧箱の中にある空気中の原子に当たり，たたき出されて飛んでいった電子の飛跡です。

ベータ線との違い

ところで，ベータ線も原子から電子が飛び出たものでしたが，上の写真の飛跡とは様子が違っています。何が違うのでしょうか。

科学者は，どちらの電子も一緒で，性質に違いが無く，区別できないことを確かめています。しかしこれらの電子は出てくる場所が違っています。エックス線が当たったときは，〈原子核のまわりを回っている電子〉が飛び出して，ほんの短い距離を飛びます。それに対して，ベータ線は〈原子核から飛び出した電子〉で，もっと長い距離を飛びます。それが霧箱の中で飛跡の違いとして見えたのです。

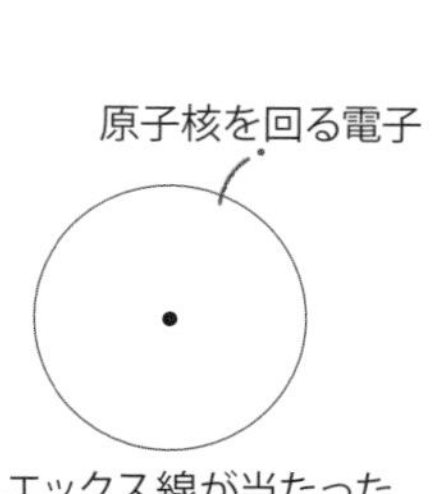

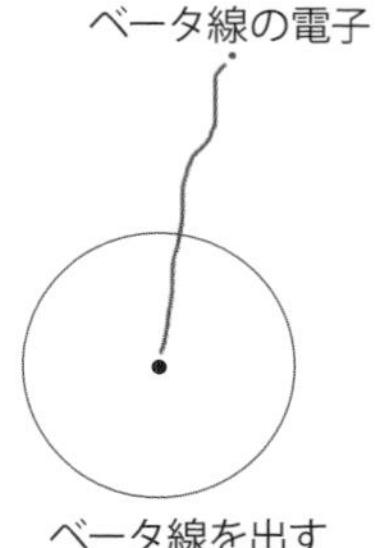

吹っ飛ばされる電子

エックス線だけでなくアルファ線やベータ線などの放射線も，通り道にある原子の中の電子をふっ飛ばします。

下の写真はアルファ線が飛んだ直後に撮った飛跡の拡大写真です。アルファ線が通った濃い飛跡に沿って両側に霧粒が広がっています。

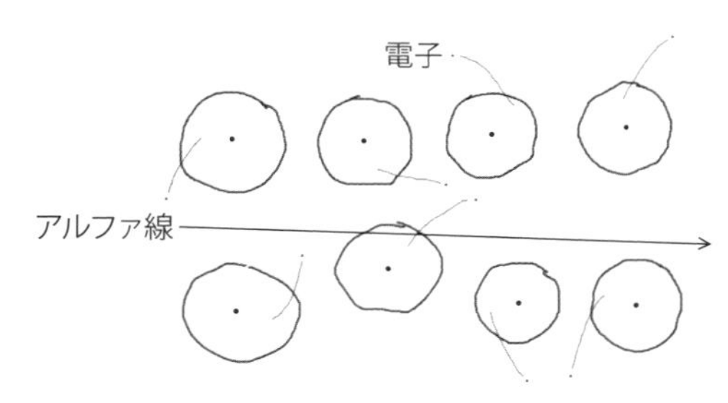

放射線が直接原子に当たらなくても，近くを通過するだけでまわりの原子に影響を与え，原子の中から電子がはじき飛んでいきます。その結果，原子核と電子との間の電気的なバランスが崩れて，原子が静電気を帯びたような状態になります。それが第1話でお話しした「放射線が通ると静電気の道ができる」という現象の原因です。

そして静電気を帯びた原子は霧箱の中で気体になっているエタノール分子を引きつけて集め，エタノール分子のかたまりが次々にできます。それが放射線の通り道に沿って広がる霧粒（飛跡）として私たちに見えます。

10 兆倍の原子核模型

ここから先は手芸用のボンテンという毛玉で作った模型を使って実験を説明します。

たとえば水素原子はこう表します（次ページの右上の写真）。

原子の中心には原子核があるので，水素原子の原子核として赤いボンテンを1つ置きます。そして，原子核のまわりを回る電子として，お菓子を作るときに使うアラザンという小さな砂糖粒を1つ置きます。それから，電子が動き回ることでできる範囲（原子の外環）を輪ゴムで表しました。

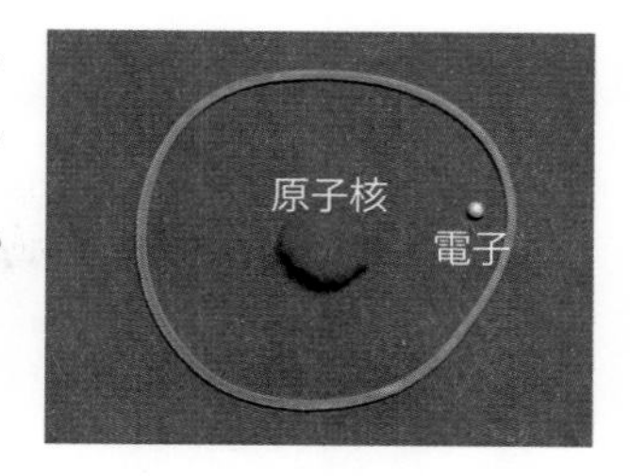

ボンテンの大きさは実際の原子核のおよそ10兆倍の大きさです。原子全体の大きさをそれに合わせると，直径2kmほどにしなくてはなりません。それではこの本に入らないので，この模型は「原子核だけ拡大したもの」ということにします。

水素原子の原子核にアルファ線をぶつける

水素原子の原子核にアルファ線をぶつける実験をしてみました。まず，この実験をボンテン模型で表してみます。

アルファ線を出す原子としてポロニウムを選びました。

ポロニウム原子の原子核は水素原子の原子核に比べるととても大きく，模型では200個くらいの赤と白の粒の大きなかたまりで表しています（赤と白の粒が何を表すかは後で説明します）。

水素原子の原子核にぶつかろうとしている赤白4個の小さなかたまりは，ポロニウム原子から飛び出したアルファ線です。アルファ線のほうが粒が多くて，これがぶつかったら水素原子の原子核は原子の外に飛び出してしまうかもしれません。さて，どうなるでしょう。

アルファ線が原子核にぶつかることはめったに起こりませんが，「霧箱の中を水素原子でいっぱいにしておけば，いつかアルファ線は水素原子の原子核にぶつかってくれるのではないか」と期待して，気長に始めました。

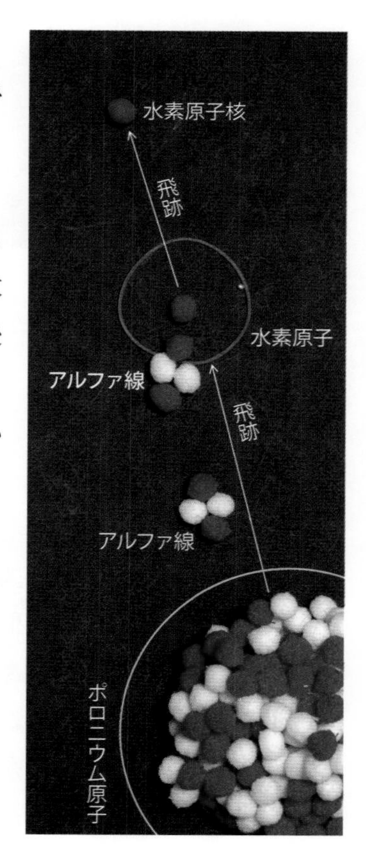

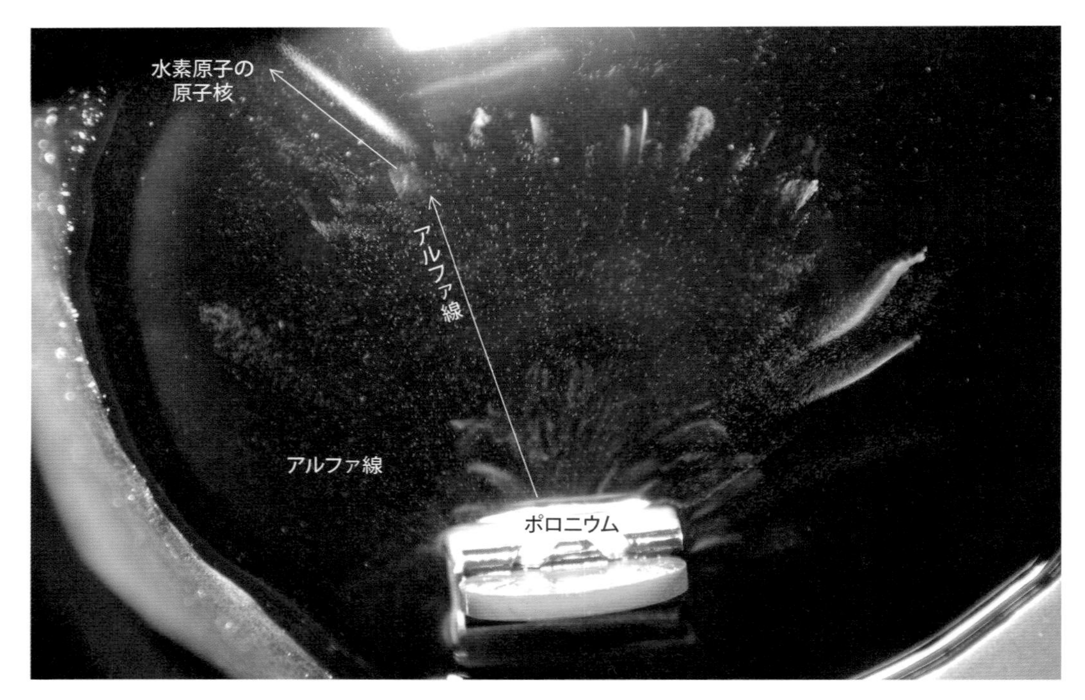

これが実験結果です。

水素原子（水素ガス）を一杯にした霧箱の中では，ポロニウムから出たたくさんのアルファ線の飛跡が扇状に遠くまで飛んでいます。矢印の向きに飛んだアルファ線の先から濃い飛跡が延びています。それが水素原子から飛び出した原子核の飛跡です。

窒素原子にアルファ線をぶつける

今度は霧箱の中を窒素ガスで満たして，アルファ線をぶつけてみます。

次ページの写真が実験結果です。アルファ線の飛跡は，水素ガスのときより窒素ガスの方が短くなりました。ところが，その代わりにアルファ線の先端から濃くて長い飛跡がまっすぐ伸びています。霧箱の中では何が起きたのでしょうか。

この実験はラザフォードが 1919 年に行っています。彼はこの実験を右ページのボンテン模型のように考えました。

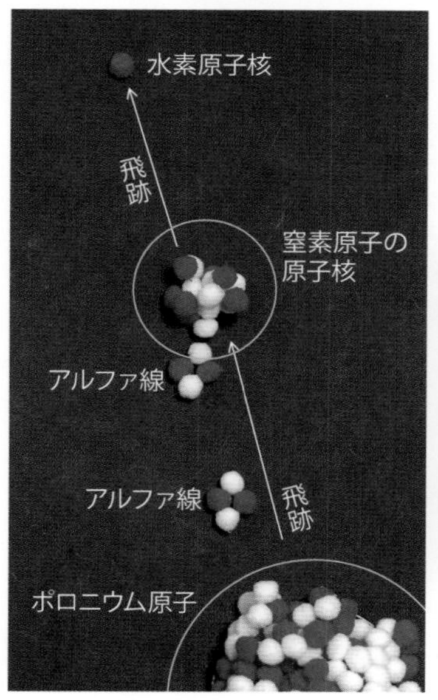

ポロニウムの原子核から飛び出したアルファ線は，窒素原子の原子核にぶつかります。そして，そこから水素原子の原子核（赤い球）が１つ飛び出しています。下の写真はその様子を拡大したものです。

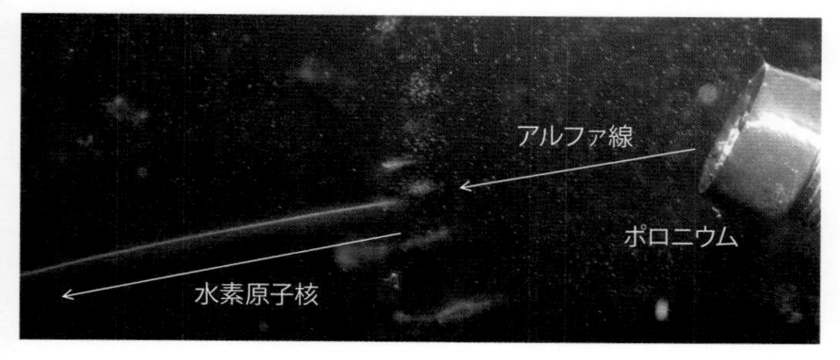

その後，残った窒素の原子核はアルファ線と合体して酸素の原子核となります。

霧箱で見えていたのはアルファ線の飛跡と，窒素原子の原子核から飛び出した水素原子の原子核の飛跡です。合体してできた酸素原子の原子核は重いのでほとんど動かず，飛跡は見えていません。

原子の種類が変わる

ラザフォードはこの実験から〈原子核にアルファ線がくっついて別の原子に変身する〉という，全く予想外の現象を発見しました。それは〈原子からアルファ線が飛び出すと別の原子に変身する〉という現象とは逆の変化でした。

ラザフォードはその後もさまざまな原子の原子核にアルファ線をぶつける実験を行い，いくつかの原子でも同じように水素の原子核（ボンテン模型では赤い粒）が飛び出し，原子が変身することを確認しました。

プロトン（陽子）の発見──原子核は陽子が集まった粒かもしれない

ラザフォードはそれらの実験から「多くの原子の原子核から水素原子の原子核（赤い粒）が飛び出すということは，水素原子の原子核は〈原子核を作るおおもとの粒〉に違いない」と考えて，水素原子の原子核を「プロトン（ギリシャ語で「最初の粒」の意味）」と名付けました。

その後，ラザフォードはさまざまな実験結果から「原子核は一つの粒ではなく，小さなプロトン（陽子）が集まったかたまりだ」と考えるようになりました（右の写真）。しかし，多くの科学者は〈プロトンだけで原子核を作ることは無理だ〉と考えていました。それはプロトンがプラスの静電気を帯びた粒だからでした。

電気の法則では同じ種類の電気を持ったもの同士は反発しあうため，プラスの電気だけの粒は集まりません。しかも電気の反発力は距離が近くなるほど大きく，原子核のような小さなものの中ではそれだけ反発力も大きくなるので，バラバラになってしまうはずなのです。

さらに「原子核の重さはプロトン（陽子）だけでは足りない」ということもわかって，疑問が残りました。そこでラザフォードは「原子核の中にはプロトン（陽子）を結びつけている〈まだ見つかっていない粒〉があるのではないか」と予想して研究を進めました。しかし，彼にはそれを見つけることができませんでした。その粒はラザフォードの弟子のイギリスの科学者チャドウィック（1891－1974）によって1932年に発見されました。

チャドウィックの予想

チャドウィックが手がかりにしたのは1930年に見つかった謎の放射線でした。

その放射線はベリリウムという金属にアルファ線をぶつけると発生し，とても厚い物体でも通り抜けました。しかも磁力でも電気の力でも曲がらず，霧箱の中で飛んでも見えなかったので，当時の科学者は「強いガンマ線の一種だろう」と考えていました。

しかし，チャドウィックはラザフォードの予想を聞いていたので，「見えない放射線はガンマ線ではなく，原子核の中のまだ見つかっていない粒（ボンテン模型の白色の玉）が存在し，それが飛び出したのかもしれない」と考えました。

チャドウィックは自分の予想を確かめるために「見えない粒をどうやったら見ることができるか」を考えました。そして，見えない放射線の粒を水素原子の原子核にぶつけて，どのような衝突が起きるか調べることを思いつきました。私はこの実験も霧箱で再現できそうだったのでやってみることにしました。

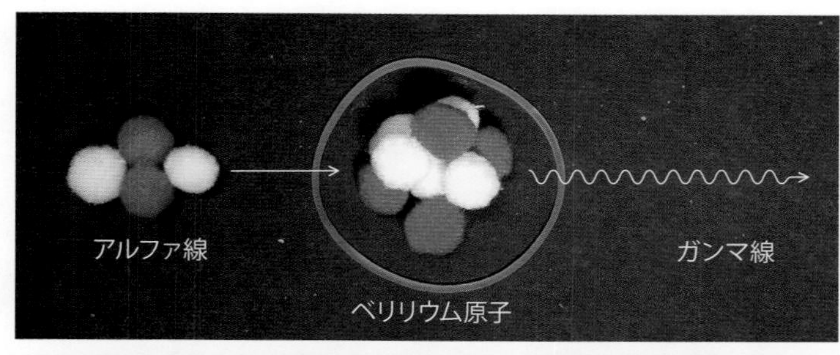

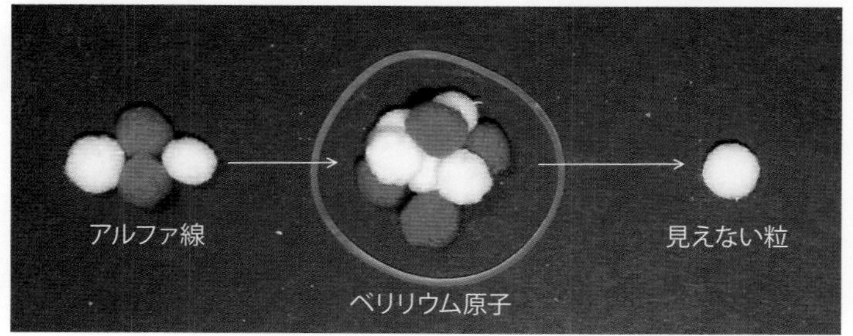

見えない粒をさがす実験

1. ポロニウムにベリリウムを貼り付ける。

チャドウィックはポロニウム原子から出たアルファ線がベリリウム原子にぶつかり，謎の見えない粒（ボンテン模型では白色の粒）が出てくると予想。

2. 出てきた見えない粒をロウのかたまりにぶつける。

チャドウィックは見えない粒をぶつける物質としてロウを選びました。ロウには水素原子がたくさん入っているので，この実験に適しています。

3. 見えない粒がロウの中の水素原子にぶつかると陽子が飛び出る。

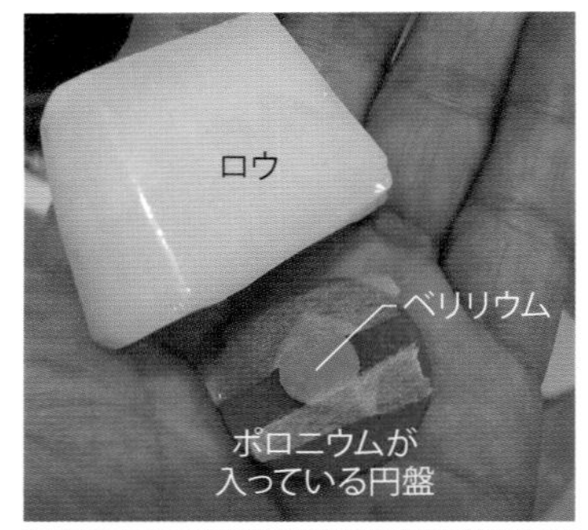

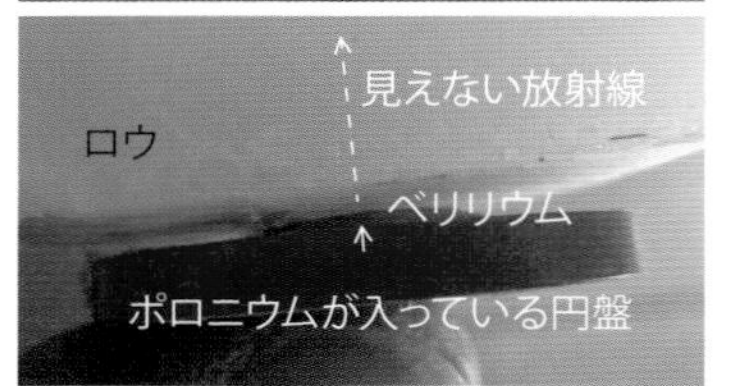

この実験をボンテン模型で表すと右下のようになります。見えない粒（白色の粒）と水素原子の原子核が衝突すれば，水素原子の原子核がたたき出されて陽子（赤色の粒）が飛び出すので，霧箱なら飛跡が見えるはずです。

では，実験結果（次ページの写真）を見てみましょう。

＊

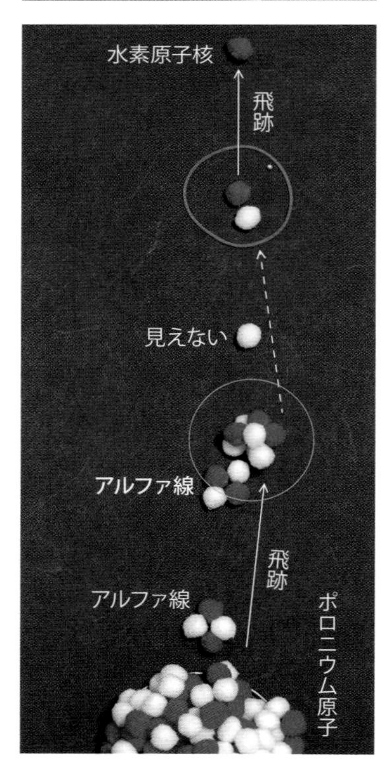

ロウの中から次々に濃い筋が出ました。

アルファ線はベリリウムやロウを通り抜けることはできないので，この飛跡はアルファ線ではありません。これは陽子（赤色の粒）の飛跡です。チャドウィックが予想した通り，見えない粒（白色の粒）が水素原子の原子核で玉突きを起こしたのです。

チャドウィックはこの実験結果を詳しく調べて，見えない粒の重さは陽子とほとんど同じだと確かめました。

また，見えない粒（白色の粒）は静電気を持っていな

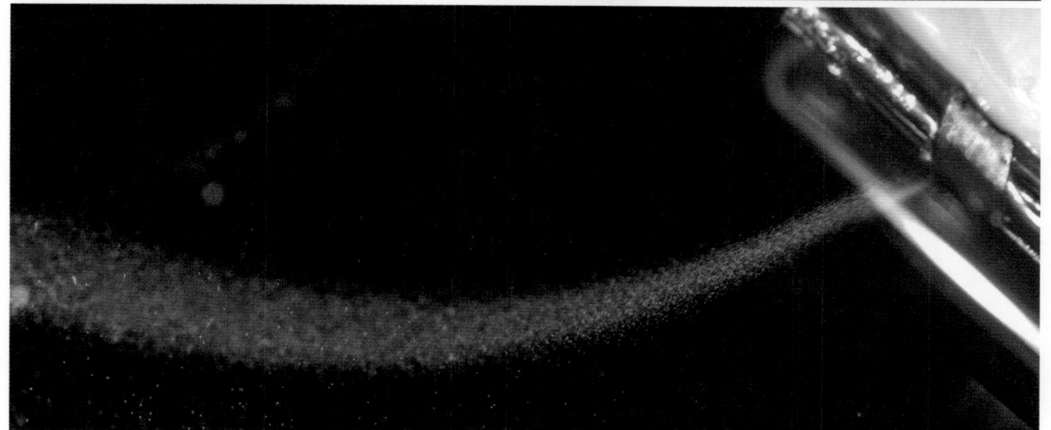

いので電気的に中性（つまり電気ゼロ）だとわかり，「中性子」と名付けられました。

中性子は静電気を持ってない中性だったので，霧箱では飛跡ができなかったのです。

また，中性子は電子や陽子からの電気の力を受けないので，原子の中をほとんどまっすぐに突き抜けていきます。科学者の計算によると，空気中をだいたい 200 m ぐらい進むとどこかの原子核にぶつかって，その原子核に入り込んでしまうそうです。

原子核を形作る２種類の粒

科学者たちのその後の研究から「原子核の中の粒は，静電気の反発力より強い〈核力(かくりょく)〉と呼ばれる力でくっついている」ということが分かりました。そのために原子核はバラバラにならないのです。

この章に出てきた原子核のボンテン模型を表すと，右のようになります。赤い球は陽子でしたが，白い球は中性子を表しています。

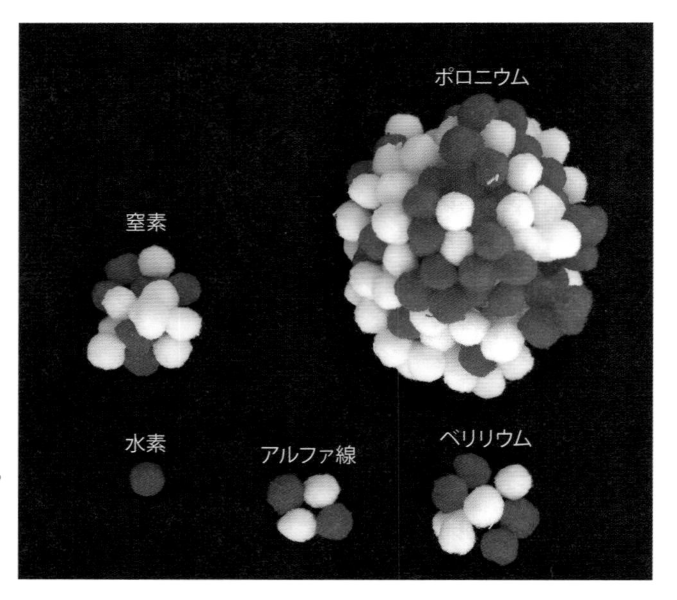

ポロニウム原子の原子核模型は，200個以上の赤白ボンテンをぎゅっと握って固めただけです。だからこのボンテンはすぐにボロボロとこぼれ落ちます。本物のポロニウム原子核でも同じことが起こります。

核力は電気力に比べると，あまり遠くまで届きません。ポロニウム原子の原子核のような大きなかたまりになると，核力が全体に届きにくくなって，端の方でボロボロと粒が落ちやすくなります。また，本物の原子核ではこれらの粒は激しく動き回っているので，何かのはずみで取れた粒は静電気の強い反発力で勢いよく飛び出します。

アルファ線とヘリウムの原子核

原子核のつくりがわかってくると，ラザフォードとソディの発見した〈原子の変身〉は，〈原子核から粒が飛び出すことだ〉ということが明らかになってきました。

ところで，アルファ線はいつも赤白２粒ずつの４粒で飛び出します。周期表の２番目にヘリウムという原子がありますが，ヘリウム原子の原子核は陽子２個と中性子２個

この印は放射線を出す原子＝放射性原子

1 H 水素																	2 He ヘリウム
3 Li リチウム	4 Be ベリリウム											5 B ホウ素	6 C 炭素	7 N 窒素	8 O 酸素	9 F フッ素	10 Ne ネオン
11 Na ナトリウム	12 Mg マグネシウム											13 Al アルミニウム	14 Si ケイ素	15 P リン	16 S 硫黄	17 Cl 塩素	18 Ar アルゴン
19 K カリウム	20 Ca カルシウム	21 Sc スカンジウム	22 Ti チタン	23 V バナジウム	24 Cr クロム	25 Mn マンガン	26 Fe 鉄	27 Co コバルト	28 Ni ニッケル	29 Cu 銅	30 Zn 亜鉛	31 Ga ガリウム	32 Ge ゲルマニウム	33 As ヒ素	34 Se セレン	35 Br 臭素	36 Kr クリプトン
37 Rb ルビジウム	38 Sr ストロンチウム	39 Y イットリウム	40 Zr ジルコニウム	41 Nb ニオブ	42 Mo モリブデン	43 Tc テクネチウム	44 Ru ルテニウム	45 Rh ロジウム	46 Pd パラジウム	47 Ag 銀	48 Cd カドミウム	49 In インジウム	50 Sn スズ	51 Sb アンチモン	52 Te テルル	53 I ヨウ素	54 Xe キセノン
55 Cs セシウム	56 Ba バリウム	57 La ランタン	58 Ce セリウム	59 Pr プラセオジム	60 Nd ネオジム	61 Pm プロメチウム	62 Sm サマリウム	63 Eu ユウロピウム	64 Gd ガドリニウム	65 Tb テルビウム	66 Dy ジスプロシウム	67 Ho ホルミウム	68 Er エルビウム	69 Tm ツリウム	70 Yb イッテルビウム	71 Lu ルテチウム	
			72 Hf ハフニウム	73 Ta タンタル	74 W タングステン	75 Re レニウム	76 Os オスミウム	77 Ir イリジウム	78 Pt 白金	79 Au 金	80 Hg 水銀	81 Tl タリウム	82 Pb 鉛	83 Bi ビスマス	84 Po ポロニウム	85 At アスタチン	86 Rn ラドン
87 Fr フランシウム	88 Ra ラジウム	89 Ac アクチニウム	90 Th トリウム	91 Pa プロトアクチニウム	92 U ウラン	93 Np ネプツニウム	94 Pu プルトニウム	95 Am アメリシウム	96 Cm キュリウム	97 Bk バークリウム	98 Cf カルホルニウム	99 Es アインスタニウム	100 Fm フェルミウム	101 Md メンデレビウム	102 No ノーベリウム	103 Lr ローレンシウム	

でできていて，模型で表すと赤白２個ずつ，つまりアルファ線の模型とまったく同じです。アルファ線とヘリウム原子の原子核はまったく同じ数の粒の集まりですから，重さもまったく同じはずです。

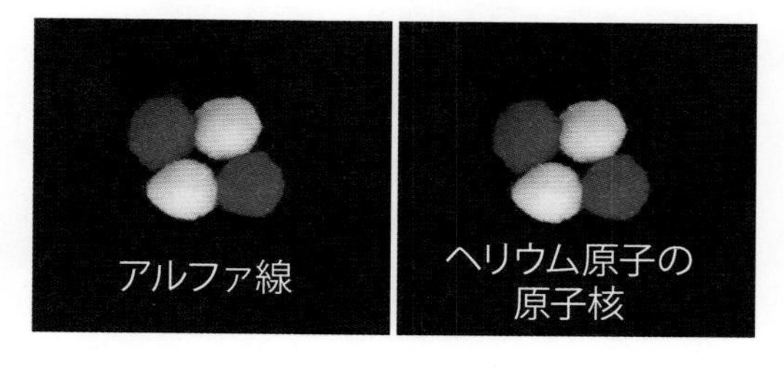

ラザフォードは「アルファ線だけを集めるとヘリウムガスになる」ことを実験で証明し，アルファ線の正体はヘリウム原子の原子核であるということを証明しました。

霧箱にヘリウムガスを入れてアルファ線をヘリウムの原子核と衝突させる実験

これまでの実験では，水素原子の原子核や窒素原子の原子核というアルファ線とは違う重さの原子核と衝突実験をしてきました。では，今度はまったく同じ重さの粒で衝突実験をしてみましょう。はたしてどのようにはねかえるでしょうか。

霧箱にヘリウムガスを入れて，１日中撮り続けた写真の中にこんな１コマ（次ページ）がありました。下から飛んできたアルファ線がヘリウム原子の原子核に衝突した後，Ｙ字型になって左右に分かれた飛跡ができたのです。

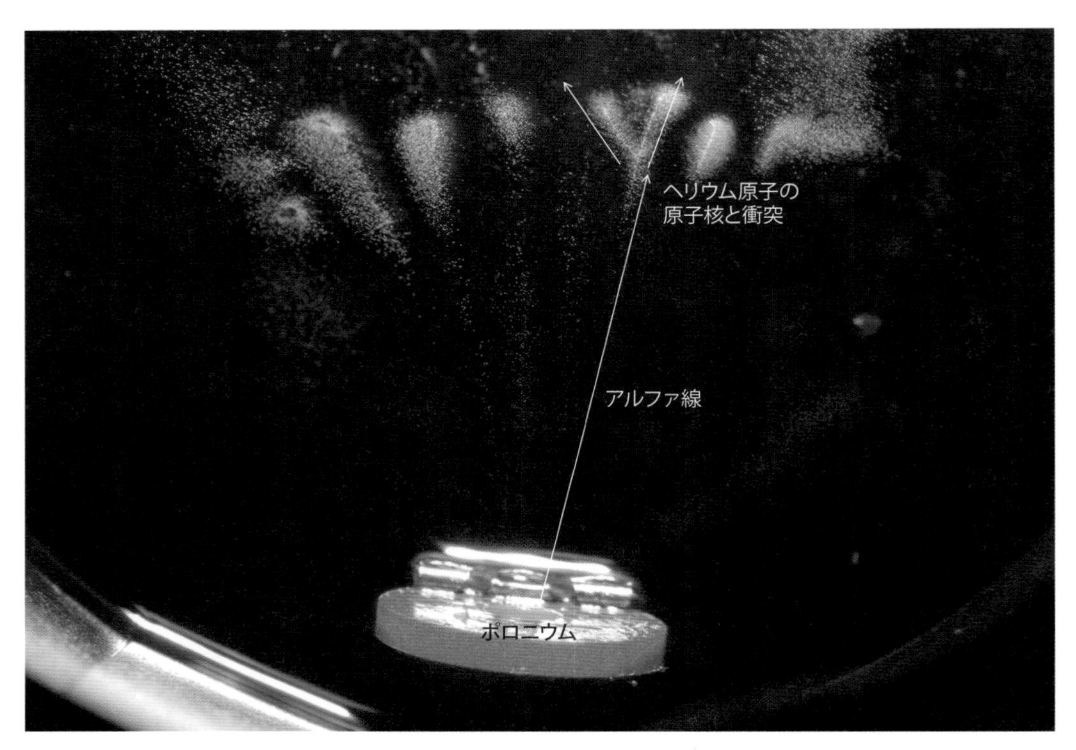

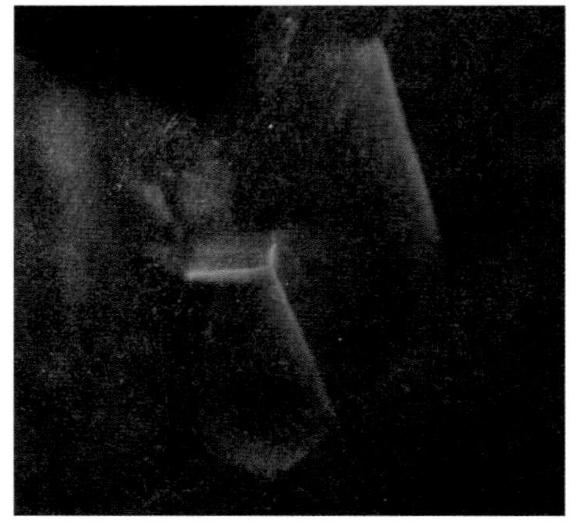

私はこれまでに数多くのアルファ線の飛跡を見てきましたが，右の写真（や 96 ページの写真参照）とは全く違っていました。

同じ重さの粒の衝突では，2 つの粒が飛んでいく角度は 90°になるそうですが，この写真ではそれより小さい角度になっています。飛跡をとらえたカメラの角度が真正面ではなかったためでしょうが，ヘリウムガスは空気中の原子より軽いので，衝突後のＶ字の角度が小さくなったのだと思います。アルファ線を原子にぶつける実験は，衝突相手の原子の違いによっていろんな飛跡が見えておもしろいなぁと私は思いました。

原子核の粒と同位体

原子核を作る粒の数と種類が分かると，化学反応では区別できない原子は〈陽子の数が同じ〉ということが発見されました。たとえば水素という気体を作る原子は，このボンテン模型のように３種類あることが発見されました。

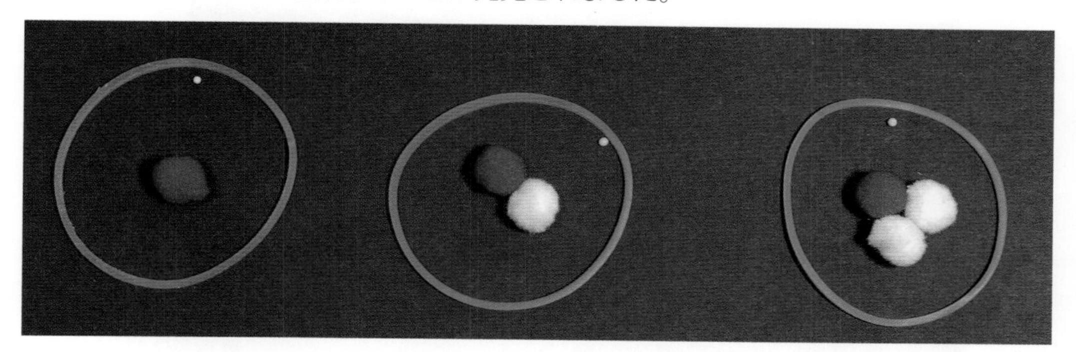

これらの原子はどれも酸素と反応して水になるなどの水素の性質を持っていて，化学反応では区別することができない同位体です。現在ではほとんどの原子にこのような中性子の数だけが違う原子があることがわかり，原子の周期表は「陽子の数の順番」でならべられています。

第11話
さらに原子より小さな粒へ

ニュートリノの観測装置カミオカンデの模型
（科学未来館）

原子核の正体がわかり，原子の変身が原子核の中にある〈粒の変化〉であることがわかっても，まだ発見は続きました。最後のお話は原子より小さな粒が引き起こす不思議な現象を見ていきます。

実験：陽電子を見る

これまで原子の中にあるプラスの静電気を帯びた粒は陽子だけだと思われていましたが，もう一つ別のプラスの粒も発見されています。それは〈陽電子〉です。陽電子は電子とそっくりですが，電気的な性質だけが電子と反対のプラス電気を帯びています。

むかしの科学者が陽電子を作った方法が霧箱で再現できそうに思えたので，実験することにしました。

この実験はアルミ原子（アルミホイル）にアルファ線をぶつけるものです。

実験方法

1. ポロニウムをアルミホイルで包んでアルファ線をアルミニウムに当てる。
2. 大型ネオジム磁石のS極を上向きにして，霧箱の底に置く。
3. 出てきた飛跡の曲がる方向をベータ線（電子）と比べる。

まず，陽電子の飛跡を見る前に電子の飛跡を確認しておきましょう。

電子の飛跡は，これまでにも出てきたベータ線の飛跡のことです。ベータ線を出すものの下に強い磁石（S極が上向き）を置いておくと，霧箱の中にできた飛跡は写真のように右に曲がります。そして，この実験装置の中で陽電子が飛べば，電子と反対向きの力を受けて左に曲がるはずです。では実験してみましょう。

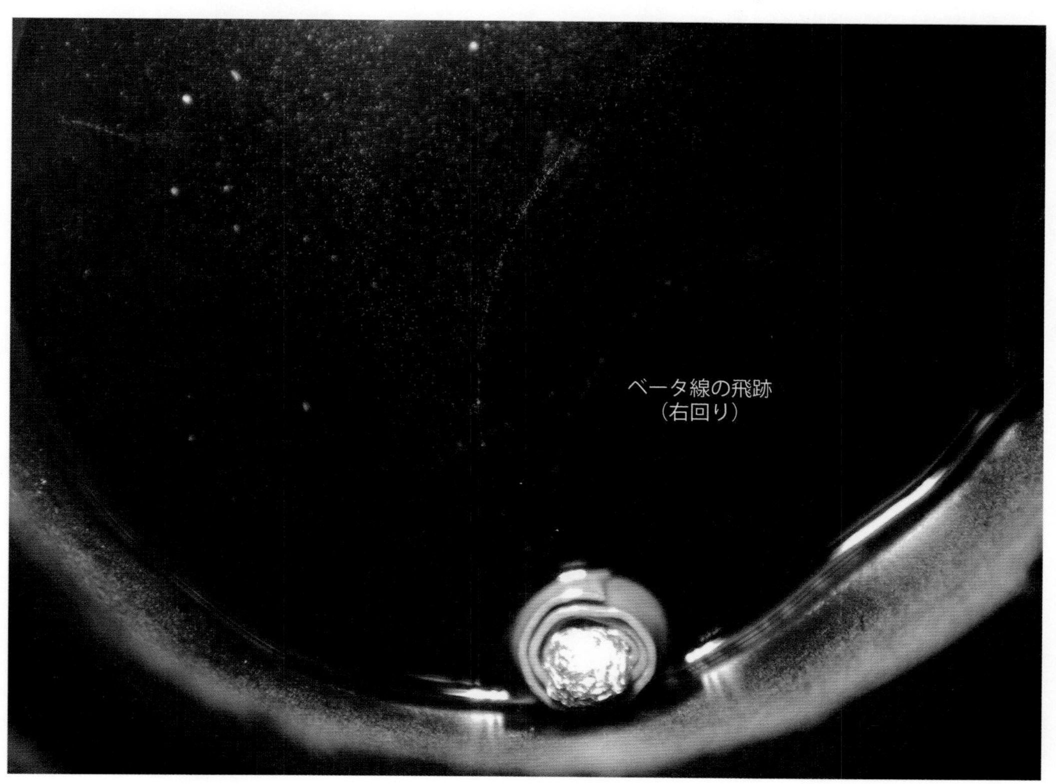

陽電子はめったにできない粒子です。何時間も粘りに粘った結果，ようやく左に曲がる飛跡が飛んだ瞬間をとらえました！

この実験をボンテン模型で見るとこうなっています。

ポロニウム原子の原子核からアルファ線が出てアルミニウム原子の原子核にぶつかると，アルミニウム原子の原子核とアルファ線がくっついて別の原子に変身します。その直後，原子核から陽電子が飛び出して霧箱の中で飛跡を作るというわけです。

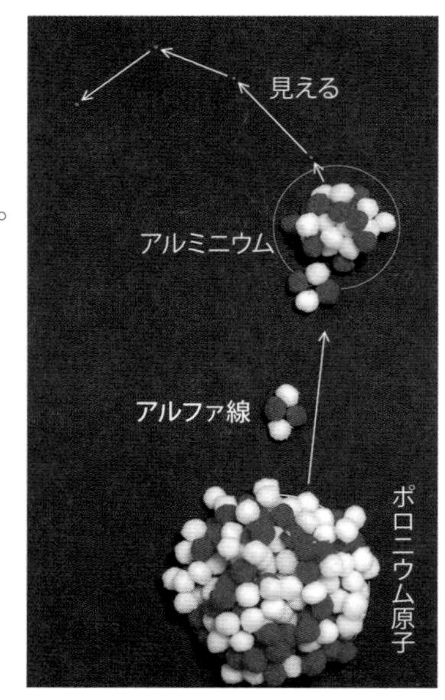

原子核から電子が出てくる理由は難しい

これまでの結果から，「原子核から電子や陽電子が飛び出てくるのなら，原子核の中には電子や陽電子が存在しているに違いない」と考えられます。ラザフォードや当時の科学者たちも初めはそう考えていました。

しかし，科学者たちがいくら探しても「陽子や中性子のほかに，原子核の中にはまだ知られていない未知の何かがある」という証拠は見つかりませんでした。それればかりか，ある科学者が「原子核のような極めて狭いところに電子や陽電子が入ることはできない」ということを明らかにしました。

「原子核から電子や陽電子飛び出てくるのに，その電子や陽電子がない。また，外部から入ることもできない」なんて，とても不思議なことです。これは実際に科学者を悩ませた難しい問題でした。

その後，科学者が出した答は「原子核の中の陽子や中性子は，変身するときに電子や陽電子を出す」というものでした。〈陽子や中性子は互いに入れ替わることがある〉というのです。

ボンテン模型ではこうなります（右の写真）。

何かのきっかけで原子核の中の陽子（赤色の粒）が中性子（白色の粒）に変わることがあります。

そのとき陽子は，プラスの電気を捨てて電気ゼロの中性子になります。捨てられたプラス電気は陽電子（赤色の小粒）という粒となって飛び出し，霧箱の中に飛跡を作ります。これをベータプラス線といいます。

反対に，中性子（白色の粒）が陽子（赤色の粒）に変身することも時々起こります。

そのときはマイナスの電気を捨てて，電気ゼロの中性子はプラス電気を持つ陽子に変わります。捨てられたマイナスの電気は電子（銀色の小粒）という粒となって飛んで行き，霧箱の中にベータ線の飛跡を作るというわけです。

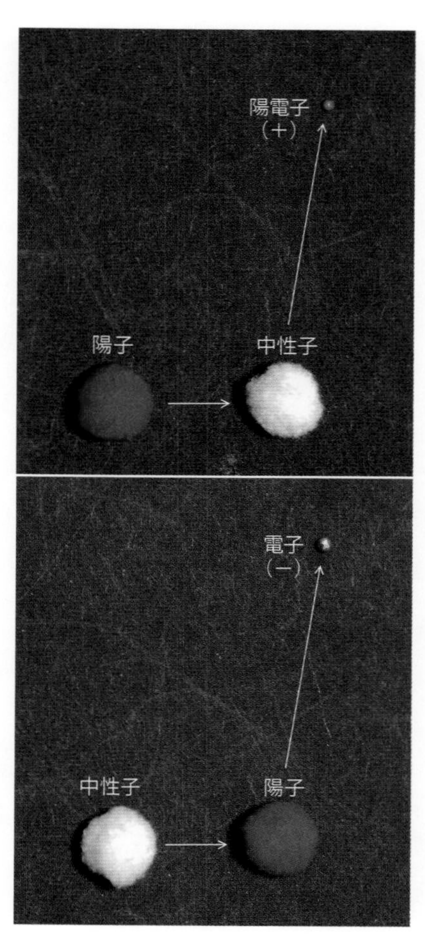

さらに見えない粒を探す

さらに科学者はその後，陽子や中性子が入れ替わるとき，電子や陽電子と一緒に未知の粒が飛び出ていることを発見しました。その粒は〈ニュートリノ（中性微子)〉と名付けられました。〈電気がゼロ（中性）でほとんど重さの無い粒〉という意味です。

そうしたことから，「陽子や中性子の中身にもまだ未知の何かがあるのではないか？」という疑問が生まれました。

そして 1968 年にアメリカの研究所では，その予想を確かめるために「ものすごい速さに加速した電子を陽子にぶつける」という実験を行いました。その結果,「電子は時々，陽子の中の何かにぶつかって大きな角度ではね返される」ということが起こりました。それはラザフォードが金の原子にアルファ線をぶつけた実験とそっくりですね。

その実験から〈陽子の中には，まだ小さな粒がある〉ということを知った科学者たちは，その粒のことを「クォーク」と呼び，さらに研究を進めました。

現在わかっていることは，陽子や中性子の中には２種類のクォークが３個あり，その組み合わせが変わることで，陽子や中性子の変身が起こるのだそうです。興味のある人はいつかそういうことも勉強してみてください。

反粒子（反物質）の発見

陽電子は電気的性質がプラスである以外は，その性質はマイナスの静電気を持つ電子と全く同じです。このような，ある性質が反対なだけで，ほかの性質は全く同じ粒のことを「反粒子」といいます。

陽電子は人類が最初に見つけた反粒子ですが，今では陽子や中性子などすべての粒子に反粒子が見つかっています。

とはいっても現在の宇宙では，反粒子が現れるのは特殊な条件のときだけで，この宇宙は普通の粒子だけでできています。

宇宙で物質が作りだされる瞬間を見る

最後の霧箱実験は対生成(ついせいせい)です。

対生成とは「粒のないところに粒ができる。エネルギーから物質ができる」という現象です。簡単には信じられない，まるで「無から有を作り出す」というような現象です。私は「もしそんな瞬間が見えたらすごいな」と思いながら実験することにしました。

実験方法

1. ガンマ線を出すものを鉛で包み，霧箱の中に入れる。
2. 霧箱の底に大きなネオジム磁石を置く。
3. あとはひたすら待つ。

この実験は「ガンマ線が鉛原子の原子核と作用して，電子と陽電子を同時に生み出す」という現象を利用しています。ネオジム磁石を使うのは，対生成でできた電子と陽電子を見分けるためです。電子と陽電子は曲がる方向が反対なので見分けられます。

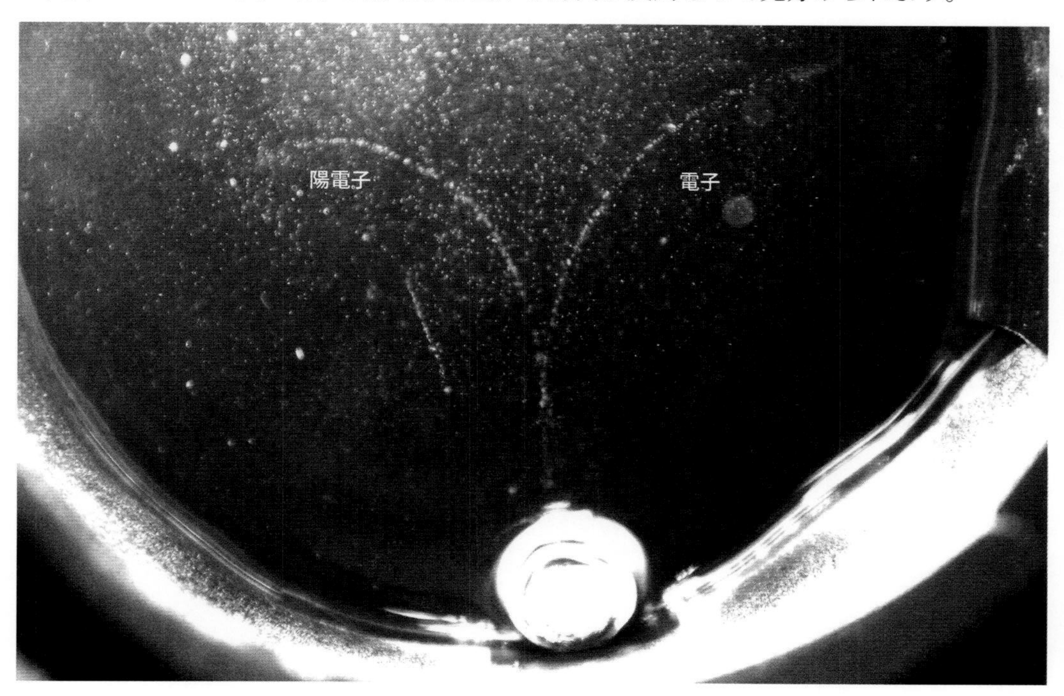

この現象もめったに起こらないようで，ねらった飛跡が出るまで何時間もかかりましたが，写真に収めることができました。

飛跡は磁石の力で曲がって左右に分かれました。

この飛跡を作り出したガンマ線は光（電磁波）の一種で，重さも電気もゼロです。ところが，ガンマ線が鉛の原子核に作用すると，重さと電気をもった粒＝電子（マイナスの粒）と陽電子（プラスの粒）が生まれ，それが飛跡を作り出してくれたのです。

＊

宇宙誕生の頃はそこら中がガンマ線だらけだったそうで，こうした反応が今よりたくさん起きていたのではないかと科学者は考えています。その頃は，たくさんの粒がこのように生まれていたことでしょう。

対生成でできた陽電子は，空気中の原子を通過するうちに電子と反応して，もとのガンマ線に戻ってしまいます。これを「対消滅」といいます。ガンマ線に戻ると持っていた電気も重さもゼロになってしまいます。

究極の粒を探して

最後のお話は，原子核にアルファ線をぶつけて，原子核から出てくる粒を見てきましたが，いかがだったでしょうか。

私はそれらの実験をしながら，「霧箱は目に見えない原子の中の，さらにもっと小さい原子核という，とてつもなく小さな世界を見せてくれる〈のぞき窓〉だなぁ」と思いました。現代の科学者たちは原子をつくる小さな粒の世界を知るために，100 年前にラザフォードがアルファ線を原子にぶつけたのと同じように，巨大な実験装置を使ってものすごい速さに加速した粒をぶつけあってその特性を調べています。はたして究極の粒はどこまで原子を壊せば見つかるのか，その答えはまだ出ていません。

付録① 霧箱が展示されている全国の施設

いろいろな霧箱

私が実際に確認した霧箱が展示してある施設です。ぜひ一度，大きな霧箱で放射線を眺めてください。宇宙線がまっすぐ横切っていく様子も見ることができます。（2023年3月現在）

・六ケ所原燃ＰＲセンター（青森県上北郡六ヶ所村）２階展示棟
・青森県立三沢航空科学館（青森県三沢市）宇宙ゾーン
・女川原子力ＰＲセンター（宮城県牡鹿郡女川町）
・福島県環境創造センター・コミュタン福島（福島県田村郡三春町）
・原子力科学館（茨城県那珂郡東海村）世界最大の霧箱
・群馬県立自然史博物館（群馬県富岡市）常設展示室Ａコーナー
・日本科学未来館（東京都江東区）５階展示室
・国立科学博物館（東京都台東区）地球館地下３階
・千葉大学サイエンスプロムナード
（千葉市・千葉大学理学部２号館）
・名古屋市科学館（愛知県名古屋市）宇宙コーナー
・でんきの科学館（愛知県名古屋市）３階
・新潟県立自然科学館（新潟県新潟市）
・柏崎原子力広報センター アトミュージアム（新潟県柏崎市）
・福井原子力安全センターあっとほうむ（福井県敦賀市）２階
・大阪市立科学館（大阪市北区）
・大阪科学技術館（大阪市西区）22 番展示
・高松市立こども未来館・ミライエ（香川県高松市）
４階科学展示室

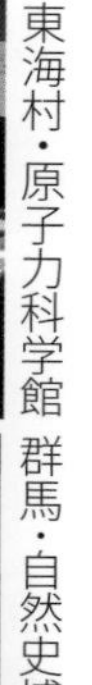
東海村・原子力科学館

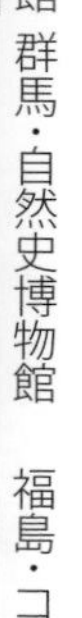
群馬・自然史博物館

福島・コミュタン福島

高松・ミライエ

新潟・自然科学館

付録② 放射線年表

付：科学者の生没年グラフ

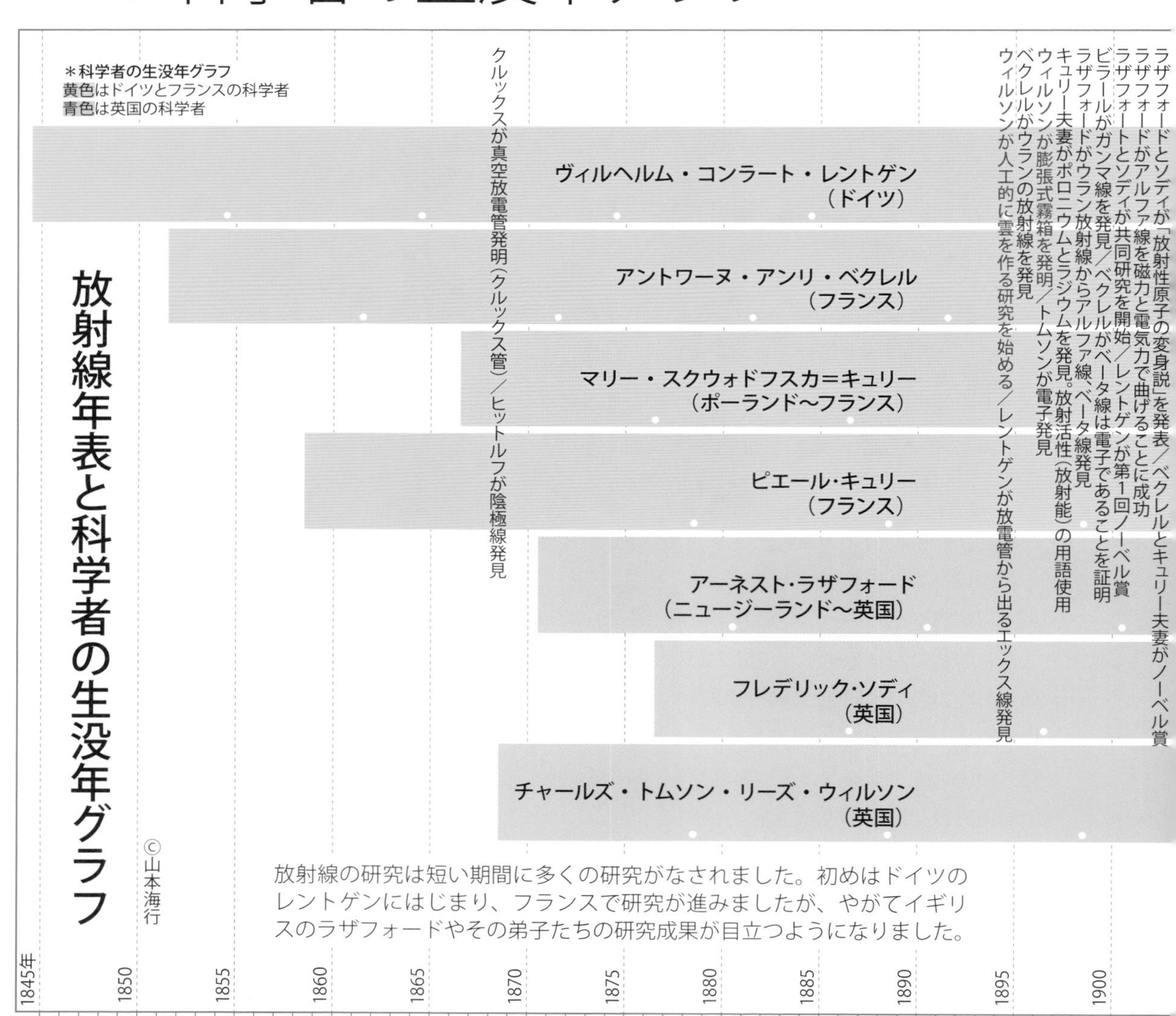

放射線の研究は短い期間に多くの研究がなされました。初めはドイツのレントゲンにはじまり、フランスで研究が進みましたが、やがてイギリスのラザフォードやその弟子たちの研究成果が目立つようになりました。

本書は歴史の年代順ではなく，読者が理解しやすいだろうと考えた順番で話を展開しています。そのため歴史事象が多少前後してしまったので，それを補完するために作成した発見年順の年表です。このような〈霧箱の発明発見過程を詳細にまとめた年表〉は他にはなく，初めてのものだと思います。本文を読みながら，時代を知るのに役立てて下さい。

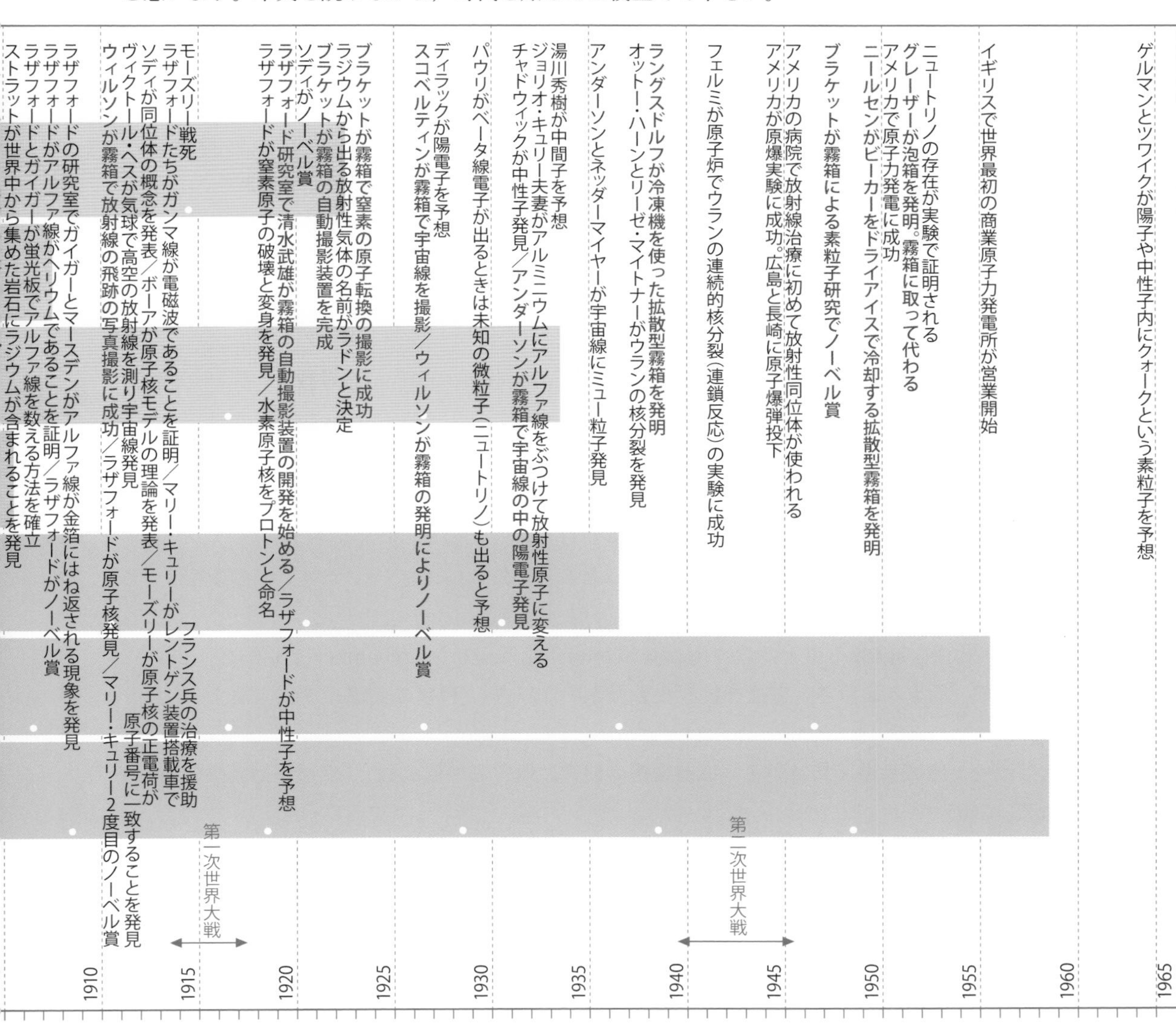

付録③ 文献と補足説明
もっと研究したい人のために

私がこの本を書くために調べた本や論文のリストです。

かなり専門的な本が多く，図書館でもなかなか見られない本もありますが，それら多くの文献の裏付けと私自身の研究成果で本書は生まれました。そこでそれらを明らかにして，読者のみなさんが放射線や霧箱についてより深く知るための資料として，または科学の研究に興味を持つ人の好奇心を満たしたり，将来，科学の道に入りたいと思ったときに振り返るための資料として活用いただけるよう文献の内容を紹介します。

■霧箱に関係したもの

① **林熙崇「磁場入り高感度霧箱を用いた原子物理分野の実験教材開発」『物理教育：日本物理教育学会誌』**，日本物理教育学会，55（4），2007

この本で使った霧箱は，「名古屋大学理学研究科・素粒子宇宙物理系F研 基本粒子研究室」のHPの記事を元に作りました。この論文では，林式霧箱の特徴は「いままでの霧箱と異なるのは，霧箱内底面をエタノールのプールにするという簡単な工夫によって，垂直方向に5cm以上の過飽和領域の感度を持つ高感度霧箱作りが可能になったことである」と述べています。この霧箱は「名古屋大学F研」のサイトでも作り方が紹介されています。

https://flab.phys.nagoya-u.ac.jp/2011/ippan/hcloudchamber/hcloudchamber_202012_1.pdf

② **武藤二郎「簡単な装置で宇宙線を見る 拡散霧函の作り方」『科学の実験』**，共立出版株式会社，1952.3

③ **松井榮一・赤城幸惠・貸谷愛子「拡散霧函の研究に関する予備実験」『京都學藝大學学報』B No.7**，1955.8

④ **戸田一郎「自然放射線観察用霧箱の製作」『日本私学教育研究紀要』**，28（2），1993

⑤ **戸田一郎「自然放射線観察用霧箱の製作 (II)」，同上**，29（2），1994

⑥ **戸田一郎「自然放射線観察用霧箱の製作 (III)」，同上**，30（2），1995

⑦ **井上和郎「拡散霧函とその実験」『日本物理教育学会誌』**，第8巻2号，1960

これらの論文は拡散霧箱に関する専門的研究です。②は日本に初めて拡散霧箱を紹介したものと思われます。③は飛跡を鮮明に見るための条件が詳しく論じられています。私はこれらの研究を実験に生かすことができました。こうした初期の拡散霧箱の研究は，まもなく泡箱や原子核乾板に取って代わられたため廃れてしまい，その後はもっぱら教育分野での論文に登場するようになります。

⑧ 森 雄兒「手軽な陽電子源の作り方とその授業展開例」『物理教育学会年会物理教育研究大会予稿集』22（0），30−33，2005，日本物理教育学会

陽電子を作るのには，昔はラジウムを鉛で包んだときの対生成を利用する方法が使われてきたそうですが，この論文では「トリウムの場合は鉛で包まない方が陽電子発生が多い」ということが確認されています。ただしこの事例ではアルファ線遮蔽のためにトリウムの入ったマントルを接着剤で固めたものを線源にしています。私の実験ではジョリオ・キュリーが人工放射性原子を発見したときの，「アルミにアルファ線を当てる」という方法を用いました。この方法は陽電子以外の飛跡がほとんど出ないというメリットがあります。ただし現代の市販の実験用線源では放射線が弱いので，100 年前の実験のようにバンバン陽電子が出ることはありません。かなり忍耐強く待つ必要があります。

⑨ James Cowie Jr. and Thomas A. Walkiewicz「Radioactiveball」，『*The Physics Teacher vol.30*』，JAN.1992，16−17 ペ

⑩ Thomas A. Walkiewicz「The Hot Balloon (Not Air)」，『 *The Physics Teacher vol.33*』，SEPT.1995，344−345 ペ

空気中のラドンなどの放射性原子を静電気力で集める実験は，1901 年にエルスター（1854−1920・ドイツ）とガイテル（1855−1923・ドイツ）が，高電圧をかけてマイナスに帯電させた針金で空気中の放射性物質を集め，大気中の放射性物質の存在を証明したのが最初です。また，ラザフォードはトリウムやラジウムから出る放射性気体から生じた放射性物質が，マイナスに帯電した物体の方に集まることを確認しました。それはラドンから変身したポロニウムなどがプラスに帯電していることを示した実験です。

私の実験では日本科学技術振興財団の掛布智久さんに教えてもらった，「風船をマイナスに帯電させてコンクリートの壁に貼り付けて放射性原子を集める」方法を用いました。この方法を私たちは「風船方式」と呼んでいます。この実験の始まりは，文献⑨で「激しく打ち合ったボールは空気中の放射性原子を集めている」という発見からです。Walkiewicz は 1993 年の文献⑩でさら

に「空気中につるした帯電させた風船」でも半減期がはっきり分かる放射線が出ていることを発見しました。その方法は次の通りです。

「9インチの丸い風船を膨らませ，空中につるします。その風船を毛皮で1分ほどこすり，静電気を発生させます。45分後に風船をしぼませて折りたたみ，薄い窓を持ったガイガーカウンターをできるだけ近づけます」

この方法でバックグラウンド放射線が30cpm（1分間に30個）の場所で，風船からは5分間で1万カウント（2000cpm）以上をキャッチできたそうです。

⑪ **Austen, D. and Brower, W.「Radioactive balloons: experiments on radon concentration in schools or homes」『*Physics Education Vol.32*』**, 1997, 97－100ペ

この論文は，「はげしい試合で使われたスカッシュのボールとか，猫の毛皮でこすった風船が測定可能な程度の放射性ホコリ（微粒子）を集めるというCowieとWalkiewiczの報告（文献⑨, ⑩）を見て，最初は本当か？と思ったけれど，これがかなりうまくいく」という追試報告です。その方法は「30センチにふくらませた風船をつるして，猫の毛皮でこすって静電気を起こします。バックグラウンド放射線が17cpmの場所で，10分つるした風船では56cpm。半減期は45分」さらに，「地下室につるした風船では，484cpmにもなった」そうです。

⑫ **八木 陸郎「自然界の放射能計測の教材化」『日本理科教育学会全国大会要項』**(43), 182, 1993

これはCowieとWalkiewiczの報告（1992）の翌年のもので，空気を吸引する「エアサンプリング法」とともに，静電気でラドン娘核種を集める「静電吸着法」を紹介しています。この論文ではテフロン板をちり紙で拭いて帯電させ，空気中に15分程度放置して放射性原子を吸着させて使用しています。静電気の起こりやすさの順番ではテフロンは強くマイナスに帯電します。塩化ビニルでも同程度のマイナス静電気が起きますが，「塩ビは傷が付きやすく放電しやすいのでテフロンの方が良い」そうです。風船も塩化ビニル製のものが多いので強くマイナスに帯電します。

⑬ **油井多丸「手作り霧箱でα線の飛跡を観察しよう！」『RI・放射線 一般向け教育実験ノート』**, 31ペ，元記事は『Isotope News』2006年4月号

⑭ **C.L.ストング編『アマチュア科学者』**, 白揚社, 1963

⑮ **武田常夫「ドライアイス使用の拡散型霧箱 組み立てマニュアル兼指導マニュアル」**, 1997

⑯ **後藤道夫「ドライアイス使用の拡散型霧箱」, Isotope News**, No.287, 17, 1978

⑬によれば，現在，放射線講座で広く使われている簡易霧箱キットが誕生したのは，「日本原子力研究所のラジオアイソトープスクール（RIS）において指導者の山崎文男さんが，当時の所員に「研修生に簡単な霧箱で放射線を見せたらいかがか」と提案されたのが始まり」だということです。この簡易霧箱は⑭で紹介されていた霧箱をもとに，浜田達二さんの意見を加えて作成され，RISの公開日に展示していたそうです。さらにこの霧箱は，日本原子力研究所の原子炉研修部門の研修課目でも，講師の末武雅晴さんと武田常夫さんにより用いられました。

1987年のソビエト連邦（現在はウクライナ）のチェルノブイリ原発事故によって，放射線が注目されるようになると，RISは全国の高校や教育センターなどで手作り霧箱を紹介して，放射線の啓蒙活動を行いました。そのため霧箱を講師が手作りで供給するのが，参加者の増加で困難になり，教官の島敬二郎，杉暉夫の両氏によりキット化が進められました。その結果，「原子力エンジニアリング株式会社」（茨城県東海村）によって「簡易型霧箱キット」として販売されるようになりました。私も中部電力主催の講座に参加したときに，このキットを作って放射線を観察しました。

⑬によれば霧箱キットの開発目標は，（1）雑イオン除去用電源を不要とする。（2）自然放射線源を用いる。（3）授業で使えるように60分で終わるようにする。という3点でした。特に（1）を明確に打ち出したことの効果は大きいでしょう。それまで日本で使われていた拡散霧箱は，電圧をかけて使うものがほとんどで，実験の難しさの原因になっていましたが，これを「不要」とした結果，実験が一段とやりやすくなりました。

この簡易霧箱のもとになった⑭によると「拡散霧箱の底面にアルコールを入れすぎると有感層（過飽和層）が小さくなって良くない」そうで，多くの教材用霧箱が湿らせる程度のアルコールしか使っていないのも，この記述が影響しているのかもしれません。

私が実験に使った林式霧箱は「底面にエタノールのプールを作る」ものですから，それまでの常識では「やってはいけないこと」です。それは私たちの実験を追試した人の失敗例でも分かりました。その人は，私たちの紹介した霧箱を作るときに黒画用紙がなかったので，つるつるの紙で霧箱の側面を黒くしました。しかしそれでは全く飛跡が見えなかったのです。 この失敗例から，林熙崇さんの改良で重要だったのは，実は「底面のエタノールプール」に加えて，壁面に黒画用紙を使うことによる「壁面の吸い上げによるエタノール蒸気の供給」にもあったと推測できます。

⑰ **坂内忠明「霧箱の歴史」『放射線教育』**2000年Vol.4.No.1，4−17ペ，放射線教育フォーラム

これによると拡散型霧箱は，1939年カリフォルニア大学のラングスドルフ（アメリカ）が冷凍

機で冷やすことで霧を作る「拡散型霧箱」を発明し，連続的に飛跡を観察できるようにしたのが最初です。さらに1951年にアメリカのオハイオ大学のC.E.ニールセンが，アルコールを入れたビーカーの底部をドライアイスで冷却する方式の霧箱を開発し，「ビーカー・チェンバー」と呼ばれました。現在の教材用簡易霧箱の原型です。

⑱ **Alexander Langsdorf，Jr「A continuously Sensitive Diffusion Cloud chamber」，Rev.Sci.Inst,** Vol.10，March，1939，91－103ペ

最初の拡散型霧箱を作ったラングスドルフの原論文です。「底面近くに電子とプロトンのシャープな飛跡が見える」とあります。

⑲ **T.S.Needels・C.E.Nielsen「A continuously Sensitive Cloud Chamber」，The review of scientific instruments**，vol.21，no.12，December，1950

この論文のビーカー・チェンバーは現在教育現場で普及している，すべての簡易霧箱の原型となったものです。ガラスのビーカーの底面をドライアイスで冷やし（冷却面），上面をアルコールで湿らせた段ボール（室温）でふたをして，マスキングテープで密封します。底面近くに電子とプロトンのシャープな飛跡が見えるとあります。著者はこの装置をSimple beaker chamberと呼んでいます。ただしこの霧箱でも，まだ雑イオン除去用に電圧をかける装置は省略されていませんでした。

⑳ **武田常夫『拡散霧箱による放射線飛跡の観察』**，日本原子力研究所 国際原子力研究センター 東海研修センター，1999

これは拡散霧箱（エチレングリコール型高温拡散霧箱）によって，著者が撮影した写真を使ってたくさんの飛跡が紹介されています。拡散霧箱で観察する方法を最も詳しく書いた研修用テキストです。この中で「食品ラップ4枚は紙1枚に相当する」ことを利用して，アルファ線源をラップで包んでベータ線を観察する方法が紹介されています。私の本でも第1部でこの方法を使っています。このテキストは市販されていないので，武田さんからコピーをいただきました。

■霧箱の発明者チャールズ・ウィルソンに関係したもの

㉑ **もりいずみ「人物科学史「ウィルソンの霧箱」を発明し，原子物理学の発展に貢献した—チャールズ・ウィルソン」『Newton 2003年9月号』**122－127ペ，ニュートンプレス，2003

㉒ **中村誠太郎・小沼通二「ウィルソン」『ノーベル賞講演 物理学4 1923～1927』**講談社，1979

㉓ **Royal Society, 「CHARLES THOMSON RESS WILSON 1896-1956」**, Biographical Memoirs of Fellows of The Royal Society , Vol.6, November 1960 からの別刷り冊子（HEADLEY BROTHERS LTD）

これらはウィルソンの伝記です。㉓では彼の発表した論文の全リストが載っています。

㉔ **C.T.R.Wilson, 「On an Expansion Apparatus for making Visible the Tracks of Ionising Particles in Gases and Results obtained by its Use」**, Roy. Soc. Pric., A, vol.87, 1912

㉕ **C.T.R.Wilson, 『*Investigation on X-Rays and β-Rays by the Cloud Method*』**, THE ROYAL SOCIETY, 1923

この２つの論文はウィルソンが初めて撮影に成功した放射線の霧箱写真です。この論文の中でウィルソンは自分の装置を cloud chamber と呼んでいます。

㉖ **W.Genter 他『*AN ATLAS OF TYPICAL EXPANTION CHAMBER PHOTOGRAPHS*』**, Interscience Publishers, Inc./Pergamon Press, 1954

㉗ **G.D.Rochester・J.G.Wilson『*CLOUD CHAMBER PHOTOGRAPHS OF THE COSMIC RADIATION*』** PERGMAN PRESS LTD・LONDON, 1952

この２冊はウィルソン式膨張霧箱の写真集で，膨張式霧箱が成し遂げた仕事は，ほとんどこの本で網羅されています。

㉘ **宮下晋吉「実験装置論の試みとしてのウィルソン霧箱史（I）」『科学史研究 II, 14』** 145－153 ぺ, 1975

㉙ **C.T.R.Wilson（長平幸雄 訳）「ちりのない空気と他の気体の存在下での水蒸気の凝結（上）」『大阪経済法科大学論集 通巻 51 号』** 107－133 ぺ, 1993.2

㉘によれば，当時の状況として雲粒を作る原因として「塵説」と「イオン説」があり，ウィルソンはその先行研究をもとに，膨張装置を作って雲の実験を始めたということです。

1880 ～ 1890 年頃の塵説によれば「水蒸気は塵が無ければ凝結しない」とされていました。一方，1890 年前後に登場したイオン説は，「水蒸気凝結の原因は気体イオンだ」とするものでした。当時のイオン説は塵説側からの実験上の不備の指摘にうまく答えられず，塵説を覆すものにはなっていませんでした。ウィルソンはそうした状況の中で，「雲を作る実験」をやろうとしたのです。彼は「外部から入り込んだ，すべての凝結核（塵）を除去した空気でも，霧が生じることを証明する」

ために霧箱を発明しました。彼はその装置で「塵が全く無い空気でも霧ができる」ことを証明しました。しかし，一方で「イオン説」に対しても，「何度霧を作ってもイオンがなくならない」ことを発見しました。さらにウィルソンは「水滴を作る核になるものは分子レベルの大きさのものである」ことも明らかにしています。

ウィルソンの研究は，エックス線やラジウムなど放射線の発見が続いた時期と重なっています。それは，「空気中のイオンの再生原因としての自然放射線の認識」につながったことは，十分あり得ることでしょう。

關戸彌太郎（せきど）（文献㊿ 22 ペ）によれば，ウィルソンは「金属箔を用いた電気計」を使って，「密閉した空気」に絶えずイオンができることを確かめています。1901 年の報告で，ウィルソンは「空気をイオン化する原因がもし空から降ってくるなら，トンネルの岩盤で吸収されるだろう」と予想して，「携帯できる電気計（箔検電器のようなもの）」を作ってトンネル内の空気の静電気量を測っています。ウィルソンは「雨粒や雪が運ぶ放射性物質」も研究している（文献㉒）ので，彼が予想していた「空から降ってくる原因」は「雪や雨が運ぶもの」であったのでしょう。しかし，地上でも地下でもイオンの発生率に違いが発見できず，「空気の再生するイオンは，空気自体の性質と考えるしかない」としました（文献㊿）。

ウィルソンは 1904 年の論文を最後に，いったん「霧の実験」を終えて，その後は「空気中の電気の研究」をしています。ウィルソンが発見した「霧箱の空気中に何度でも再生するイオンの謎」は，1912 年の V．ヘスによる宇宙線の発見まで解決されませんでした。

ウィルソンのノーベル賞講演（文献㉒：1927 年）では，霧を作る核になるものは，「ある特別な状態にある分子」で，それは「電荷を持った原子（イオン）だろう」と考えていたことを述べています。そして「（特別な状態にある）原子や分子を可視化することが，この膨張の方法を使えばできるのではないか」という発想を持ちました。ウィルソンは 1910 年に「イオンを可視化する実験」を再開します。その目的は「帯電させた空気のイオンを写真に撮って数える」ことでした。彼は霧の方法で「個々のイオン」を可視化して個数を知ることで，霧粒 1 個あたりの電荷を測定し，「電子 1 個の電荷（電気素量）」を決定できるのではないかと考えたのです。しかし，それは 1910 年のミリカンの「帯電させた油滴による電気素量の決定実験」で，先を越されてしまいました。

それでも彼は「霧粒で個々のイオンを撮影する」実験を追求し続けました。だからこそ最終的に，「放射線の作るイオンを可視化する（つまり放射線の飛跡を可視化する）」ことに成功したのではないでしょうか。

■放射線の研究史に関係したもの

㉚ 水津嘉一郎『ラヂウム講話』, 隆文館図書, 1914
㉛ 物理学史研究刊行会編『物理学古典論文叢書 7 放射能』, 東海大学出版会, 1970
㉜ 物理学史研究刊行会編『物理学古典論文叢書 9 原子模型』, 東海大学出版会, 1970
㉝ Marie Curie『RADIO-ACTIVE SUBSTANCES』, 1904
㉞ 日本化学会『化学の原点 9 希ガスの発見と研究』, 東京大学出版会, 1976
㉟ エンリコ・フェルミ／ジェームズ・チャドウィック『中性子の發見と研究』, 大日本出版, 1950
㊱ エーヴ・キュリー『キュリー夫人伝』, 白水社, 1968
㊲ 山崎岐男『孤高の科学者　W.C. レントゲン』, 医療科学社, 1995
㊳ エドワード・ネヴィル・ダ・コスタ・アンドレード『ラザフォード』, 河出書房, 1967
㊴ バーナード・ヤッフェ『モーズリーと周期律 元素の点呼者』, 河出書房, 1972
㊵ 中村誠太郎・小沼通二「J. チャドウィック」・「V.F. ヘス」・「C.D. アンダースン」『ノーベル賞講演 物理学 5 1928 ～ 1937』, 1978, 講談社
㊶ 中村誠太郎・小沼通二「P.M.S. ブラケット」『ノーベル賞講演 物理学 6 1938 ～ 1949』, 1978, 講談社
㊷ ラザフォード『新しい錬金術』, 共立社, 1938

これらの文献で, 私は「当時どのような実験が行われたのか」を調べて, 霧箱で再現する方法を考えました。

㊸ 物理学史研究刊行会編『物理学古典論文叢書 10　原子構造論』, 東海大学出版会, 1969

㊸には電子発見以後に, 盛んになった「原子の中身についての論文」が紹介されています。電子の発見は「原子の中には軽いマイナス電気の粒が入っている」ということを明らかにしました。しかし, 原子全体では静電気はゼロです。そこで電子のマイナスを打ち消す「何らかのプラス電気の実体」が必要になります。これには大きく２つの予想がありました。一つ目は「プラスとマイナスは別々になっている」という説で, ジャン・ペランの「太陽系モデル」と長岡半太郎の「土星モデル」が代表的です。いずれも「プラスの実体のまわりを電子が回る」というものでした。一方「プラスとマイナスの実体は同じ場所にある」というのが, ケルビンと J.J. トムソンの予想でした。トムソンモデルは「プラスを帯びた大きな球体の中を多数の電子が回転している」というもので,「ぶどうパンモデル」と呼ばれて, 最も多くの支持を集めました。第９話の図は㊸のト

ムソンの論文（1904 年）から電子が 20 個の場合の安定な電子配置を図にしました。長岡半太郎は原子モデルの具体的な電子配置は明らかにしていないので長岡の土星モデルの図は適当に書きました。

㊹ **板倉聖宣「資料紹介　長岡半太郎　原子の模型」『物理学史研究』**，仮説実験授業研究会『物理学史研究』復刻刊行会，1990，311-328 ぺ（板倉が紹介している長岡の原論文は 1908－1909 年のもの）

当時の電磁気学ではトムソンモデルの方が理論的に安定と考えられていました。しかし，ケルビンとトムソンのモデルに深刻な矛盾を見たのが長岡でした。彼はぶどうパンモデルでは，「物質中（陽電気の球の中）で別の物質（陰電気の微粒子）が何の障害も無く動く」という「同じ場所に２つの物質が重なる」ことに，現実の物体として深刻な「矛盾」を見たのです。その矛盾を避けるには，「プラスとマイナスの物質を重ならないように配置する」しかありません。それが「土星モデル」となったのです。しかし，土星モデルは，当時の電磁気学では「不安定で存在できない」とされてしまいました。これは，後にニールス・ボーアが量子論という新理論で解決するまでどうにもならなかった問題です。これは「当時の電磁気学」という理論を取るか，「物質は重なって存在することはない」という原子論的な物質観を取るかという本質的な対立でもあったのです。

ですから「当時の電磁気学に反するから長岡は間違っていた」という，表面的な評価では不十分です。当時の電磁気学で「物質が重なり合っていても自由に動き回れる」という，原子論的物質観からはきわめて不自然な仮定をせざるを得なかったところに，理論の「矛盾」を見た長岡を評価すべきでしょう。

その「理論内部に発生した矛盾」は，ラザフォードの原子核発見によって「プラスとマイナスの物質は重なっていない」ということが実験的に明らかになり，ラザフォードとボーアの新しい量子力学的原子モデルで乗り越えられました。

㊺ **T.J. トレン／島原健三 訳『自壊する原子 ラザフォードとソディの共同研究史』**，三共出版，1982

この本は，本書第 4 話のラザフォードとソディの「放射性原子変身説」の研究過程を詳しく書いたものです。その 118 ページにはラザフォードの実験ノートに書かれていた「トリウム×の放射活性の減少」と「その時のトリウム×のまわりの空気中の発生量」のデータがあり，文献著者によって一つのグラフに描かれていました。しかし私は〈2 つに分けて説明した方が読者に分かりやすい〉と考えて，「トリウム×原子の出す放射線のグラフ」（41 ぺ）と，「トリウム×原子のまわりの空気の放射線のグラフ」（42 ぺ）を作成しました。

本書で扱っているトリウム×原子というのは，当時，トリウムXと呼ばれていた物質のことで，「トリウム原子から生成された放射性成分 X 」という意味でした。当時の放射線の理論では「親原子（トリウムやウラン）が何らかの化学反応で放射性成分を作り出す」と考えられていました。放射性成分は作られるときに親原子からエネルギーを得て，それを徐々に発散していきます。その発散が放射線なのでした。それは「原子がどこからかエネルギーを吸収してそれを放射する」というイメージで，ベクレルが研究していた蛍光現象の類推と考えられます。

その説に従えば,「トリウムXが放射線を出す」とは「トリウムXがトリウムから得たエネルギーを徐々に発散すること」となります。一方，「気体の発生速度」は「トリウム×が自身の持つ成分にエネルギーを与えて，放射性成分（エマネーション）に変化させる速さ」を意味していました。この２つは別々の現象なのに，どちらも「４日ごとに半分に減少」という全く同じ変化を見せたことは，彼らにとって「奇妙な一致」でした。それは彼らに「単なる偶然」なのか「意味があることなのか」という疑問を生じさせました。彼らはこの実験結果に「既存の理論の矛盾」を感じたのです。その矛盾を乗り越えることで，彼らは「放射線が出ることと原子の変身が起こることは同じ現象なのではないか」という新しい発見に到達したのです。

また，この本には共同研究の５年後の 1908 年に，ラザフォードがノーベル化学賞を取ったときの贈呈理由が紹介されていて，当時の科学界の評価が分かります。

「ラザフォードの発見は，化学元素が他の元素に転換することが可能であるという，これまでに提出されてきたいっさいの理論と対立する，はなはだ驚異的な結論をみちびきました。……この説によりますと，放射能の創生と消滅は，変化に，分子の，ではなく，原子自体の変化によるものと見るべきである，とされています。」

当時のイギリス科学界の重鎮ケルビン卿など，保守的な科学者を中心に原子変身説を信じなかった人達がいたという話も伝わっています。

㊻ 板倉聖宣『科学と方法 科学的認識の成立条件』，季節社，1969

㊼ 唐木田健一『理論の創造と創造の理論』，朝倉書店，1995

この解説にたびたび出てきた，科学理論形成時の「矛盾」の認識とその「乗り越え」の重要性は，この２冊の本で明らかにされています。㊻は 1953 ～ 1961 年に書かれた，板倉の修士論文と博士論文を中心に集めたものです。その中で，「古い理論は，理論自体の内部に生じた矛盾によって危機が生じ，それを乗り越えようとする努力の中に新しい理論が現れる」ことを，天動説から地動説への理論転換と，古典力学から量子力学への転換の事例で明らかにしました。

ラザフォードとソディが自らの実験データの中に「奇妙な一致」を見たとき，それは既存の理論を反証したわけではなく，とりあえずは「偶然」とすることで説明可能でした。さらに彼らが「いくらトリウムX（エックス）取り除いても，消えないトリウムの25%の放射活性」と格闘したとき（文献㊺）も，「分離不可能な放射性成分」を仮定することで，ひとまず説明可能でした。しかし，それは彼らにとって目障りで気になる事実であり，やがて「放射線を出すとき原子は変身する」という，新しい理論に彼らを導く動機になりました。

ウィルソンが「霧箱に何度も復活するイオン」を発見した（文献㉘）ときも，長岡半太郎が「トムソンのぶどうパン原子モデル」に「物質としてありそうも無い仮定」を見て気に入らなかった（文献㊹）ときも，こうした「既存の理論内部に生じた矛盾」を見ていた点では同じ構造を持っています。そしてその「矛盾」を動機として，「絶えず地球に降り注ぐ宇宙線」や「量子力学的原子モデル」という新しい自然認識（理論）に導かれたのです。

板倉のこの「矛盾と乗り越えの理論」は60年以上前に提出された理論ですが，現在でも科学理論がどのように発展するかを研究するときの，もっとも基本的な理論です。これ無しで科学の歴史を研究することは「ニュートン力学を知らずに，物体の運動を研究するようなもの」だと私は思うのですが，いかがでしょうか。

㊽ ハイゼンベルク『原子核の物理』，みすず書房，1957

この本は「原子からベータ線が出る理由」を書くときに参考にしました。難しい量子力学の話を，理論的な正確さを崩さないでわかりやすく解説しています。古い内容の本ですが，ハイゼンベルクの「小さな粒のイメージ」は入門者に役に立つでしょう。

㊾ スティーブン・ワインバーグ『新版 電子と原子核の発見』，ちくま学芸文庫，2006

この本は高校程度の物理の知識から出発して，素粒子の発見の道筋をていねいに教えてくれます。空気中のラドン原子の数はこの本の数式を元に計算しました。

【計算方法】

㊾によると，t秒間の原子変身数＝ $0.693 \times \dfrac{t}{\text{平減期}}$ ×試料中の原子数，である。

㊾によると日本の住居内の平均ラドン放射能は $11\mathrm{Bq/m^3}$ で，半減期は3.82日＝330048秒である。観測時間tを1秒にすれば，この式の左辺は「ラドンの放射能の値」と同じであるので，

これらの値を上式に代入すると，

$$11\mathrm{Bq/m^3} = 0.693 \times \frac{1\text{秒}}{330048\text{秒}} \times \text{空気}1\,\mathrm{m^3}\text{中のラドン原子数}$$，となる。従って，

$$\text{空気}1\,\mathrm{m^3}\text{中のラドン原子数} = 11 \times \frac{330048}{0.693} \fallingdotseq 500\text{万個}$$，となる。

㊿ **アイザック・アシモフ『アシモフ選集 物理とはⅢ 電子・陽子・中性子』**，共立出版，1971

原子の周期表の形式には様々なものがありますが，この本のアシモフの表ではランタノイドやアクチノイドを欄外に出さずに，103番まで連続的に書かれていて，アルファ崩壊の周期表上の移動がわかりやすいので本書に採用しました。

■アルファ線を曲げる磁場について

文献㉖の6ページによると1924年のカピッツアの「アルファ線を曲げる実験」では，霧箱の膨張動作に合わせて電磁石に数千アンペアを0.01秒流して，4テスラ（4万ガウス）を発生させているそうです。個人の実験道具では不可能な方法です。

私の実験では，最終的に実現できた磁場は霧箱中央底面付近で，0.15～0.2テスラ（1500～2000ガウス）でした。昔の実験の10分の1にもなりませんでした。それでも電流の発熱で霧箱がすぐ高温になって飛跡が見えなくなるため，短時間しか実験できませんでした。

有限会社ラドのサイト記事「アルファ線のエネルギー」（http://www.kiribako-rado.co.jp/jikken.html）によると，2.8cm前後の飛跡の速度は 1.4×10^7m/sです。アルファ線の回転半径＝（質量×速度）÷（電気量×磁場）なので，これにアルファ線と磁場の値を入れます。

結果は回転半径2m程度の円弧となることがわかりました。実際に半径2mの円弧を描いてみると，「直線ではないのが分かる」程度のカーブになりました。ラザフォードの実験装置はこうしたわずかなカーブも検出できるようになっていました。

■自然放射線について

(51) **森嶋彌重 他「世界の高放射線地域の線源，線量測定および線量分布」**，近畿大学原子力研究所年報，Vol.42（2005）
(52) **原子力安全研究会『新版 生活環境放射線（国民線量の算定）』**，2011.12
(53) **村杉温泉組合『奇跡の温泉力』**，ニューズライン，2010
(54) **『三朝温泉誌』**，鳥取県東伯郡三朝村役場，1936
(55) **中尾麻伊香「近代化を抱擁する温泉―大正期のラジウム温泉ブームにおける放射線医学の役割」**

『科学史研究 2013 年冬』，日本科学史学会，2013，pp.187-199

㊹ **朝永振一郎『宇宙線の話』**，岩波新書，1960

㊺ **長谷川博一『宇宙線の謎』**，講談社，1979

㊻ **關戸彌太郎『宇宙線』**河出書房，1944

㊼ **Pierre Auger，「Experimental work on cosmic rays proof of the very high energies carried by some of the primary particles」『*Early History of Cosmic Ray Studies*』**，213−218 ぺ，1985

これらの文献によれば，大規模な宇宙線のシャワー（空気シャワー）は 10^{14} 電子ボルト以上の宇宙線で発生するそうです。なお，宇宙線は宇宙空間から飛んでくる「一次宇宙線」と，それが衝突して空気の原子が破壊されてふりそそぐ「二次宇宙線」に分類されています。霧箱で見えるのは二次宇宙線です。

㊽ **アーサー・ホームズ『一般地質学 I』**東京大学出版会，1983，231 ぺ

1906 年に R.J. ストラットによって世界各地の岩石にラジウムが含まれていることが発見されたことが書かれています。

㊾ **カムランドコラボレーション「放射性物質起源の熱生成は地熱の一部に過ぎないことを地球反ニュートリノ観測で解明」『ネイチャージオサイエンス』**4巻 647（NatureGeoScience 電子版 2011.7.8 掲載），http://www.awa.tohoku.ac.jp/KamLAND/ResearchResults/results_ngeo1205_j.html

この論文要旨によると，地表から出ていく熱は全部で 44 兆ワット（44 兆ジュール／秒）で，そのうち放射性原子の熱は 21 兆ワットだということです。つまり地球内部の熱の約半分が放射線によるものだということになります。

■放射能という言葉

㊿ **長岡半太郎『ラヂウムと電気物質観』**大日本図書，1906

(63) **多田将『核兵器』**明幸堂，2019 年

長岡半太郎は日本の物理学の先駆者で，彼は 1903 年の論文で Radioactivity を「放射能做（のうさ）」と訳しています。その後は 1914（大正 3）年に「ラジウム活動性」，「活動性物質」，1936（昭和 11）年に「放射能作」の訳語が見つかりましたが，その後「放射能」で定着しました。一方，現在では主に農業・生物分野で放射性原子を使用している論文には「放射活性」という用語が使われています。もとのことばの意味を良く表しているのは「放射能」よりも「放射活性」でしょう。

また「放射能」は，現在では専門家以外では間違った意味に使われることの方が多く，この点について高エネルギー加速器研究機構准教授の多田将は⑥③の 52 ページに「日本のメディアとそれに感化された人たちは何故か，放射性同位体や放射性物質のことを放射能と呼びたがりますが，それは全くの誤りです。自動車のことを「速度」と呼ぶぐらいの見当外れで，何故そう呼びたがるのか不思議で仕方ありません」と書いています。

私には 100 年たっても正しい意味が伝わらないのだから「長岡の作った訳語は失敗だった」と考えた方が良いと思えるのですが，どうでしょうか。

■福島の原発事故

⑥④**『東日本大震災 復興支援地図』**昭文社，2011

震災の被害状況をまとめた地図です。津波浸水地域や立ち入り禁止地区の把握と，原発事故の放射線調査の場所を決めるのに使いました。今では貴重な記録となっています。

■原子の写真

⑥⑤ **http://www.nanotech-now.com/products/nanonewsnow/issues/034/034.htm**

金原子の電子顕微鏡写真は，日本エフイー・アイ株式会社の許諾を得て，このサイトからとりました。掲載を快く許諾いただき感謝いたします。

■年表を作るのに使ったもの

⑥⑥ **アイザック・アシモフ『科学技術 人名事典』**，共立出版，1971

⑥⑦ **デービット・アボット『世界科学者事典 4 物理学者』**，原書房，1986

⑥⑧ **科学者人名事典編集委員会『科学者人名事典』**，丸善，1997

■ウランガラスについて

⑥⑨ **苫米地顕（とまべちけん）『ウランガラス』**，岩波出版サービスセンター，1995

ウランは 1850 年頃にはガラスの着色剤として利用されていました。ウランガラスと命名したのは苫米地です。ウランガラスの歴史が詳しく書かれています。

■霧箱ということばの歴史

⑦⓪ **清水武雄「A reciprocating expansion apparatus for detecting ionizing rays」**，東京帝国大学博

士論文，1927

⑪ **岩波書店『岩波講座物理学及ビ化学 物理学 7B』**，岩波書店，1931

⑫ **嵯峨根遼吉「宇宙線について I」，『日本数学物理学学会誌第 6 巻第 3 号』**，1932

⑬ **荒勝文策「原子は人工によりて變轉す（講演）」『天界 154』**，1934

「cloud chamber」の名称は少なくとも 1904 年にウィルソンが書いた凝結核に関する論文「Condensation Nuclei」で使われていて，ウィルソンの造語と考えられます。その後ウィルソンが改良した装置は主に宇宙線研究用に用いられ，放射線を見る道具の名称として普及しました。一方で雲粒生成の研究装置としての改良もすすみ，気象研究のための装置は「ice cloud chamber（雲生成チェンバー）」という訳語が使われているようです。

日本に霧箱を導入したのは清水武雄です。彼は 1920 年ごろにラザフォードの研究室に留学し，霧箱の自動撮影装置開発に着手していますが，途中で帰国してしまいました。その後はパトリック・ブラケットが引き継いで 1922 年ごろに完成させました。帰国後の清水は 1927 年の博士論文で自分が改良した霧箱の報告をしています。国会図書館で見たこの論文を綴じた冊子のタイトルには「反復膨張装置」の名称が使われています。しかし冊子の中の論文は英文で，装置の名前も cloud chamber とあるだけで，清水自身が「反復膨張装置」と呼んでいたのかは分かりませんでした。

私が国会図書館で調べた範囲では以下のような使用例が見つかりました。

1929 年「cloud chamber」

1931 年「ウィルソンの急激膨張の装置」「清水の膨張装置」「霧函」

1932 年「Wilson chamber」「Wilson の雲霧函」

1933 年「ウィルソン雲霧法」「霧室」「断熱膨張装置」「ウィルソンの霧の方法」

1934 年「ウィルソン霧函」「足跡写真」

以降は「ウィルソン霧函」で定着しています。結局，初期から「霧」となっていて，「cloud」を「雲」とする訳語は使われなかったということのようです。

■陽子ということばの歴史

陽子の原語はギリシャ語の最初＝ protos からラザフォードが作った「proton」ですが，日本語では初期にはそのまま「プロトン」と呼ばれています。その後，「H−粒子（1930年），質子，陽質子（1934 年），高速度水素核（1938 年）」の使用例がありましたが，1930 年代後半には「陽子」の訳語が一般的になります。しかし，「陽子」という訳語では「どんな原子にも入っている基本粒子」

というラザフォードの考えたイメージが今ひとつ伝わりません。「陽子」に変わる良い訳語は今に至るまで作られていません。そこで本書でも「陽子」としました。

■授業プランに関するもの

⑭ **山本海行『仮説実験授業研究会版　ミニ授業書〈放射線とシーベルト〉』**，仮説実験授業研究会，2011.4

⑮ **山本海行『放射線とシーベルト 2011 仮説実験授業研究会 夏の大会版』**，ひぽぽ屋，2011.7.29

⑯ **『物理学実験』**，京都大学大学院 人間・環境研究科 物質相関論講座，京都大学国際高等教育院物理学部会　共編，学術図書出版社，2020.3，157−161 ぺ。

⑭は 2011 年 3 月の東日本大震災直後の状況に合わせて発表された授業用テキストで，⑮はその問題点や不備を修正した改訂案です。内容の一部がこの本の第 2 章に使われています。⑯は⑮をもとに舟橋春彦さんが京都大学の学生用テキストに編集したものです。

■放射線を出す石について

⑰ **Robert J.Lauf『Mineralogy of URANIUM and THORIUM』** Schiffer Publishing，Ltd.，2016

ウランとトリウムの鉱物事典です。

■飛跡の交差について

⑱ **森千鶴夫・山本海行「拡散霧箱中のアルファ線の通過方向と反対の方向に延びる飛跡について」『RADIOISOTOPES』**，日本アイソトープ協会。（投稿中。本書出版時点では未公表）

⑱は最近の研究で，放射線のクロス時に後から飛んだ飛跡が欠損する件についての見解を述べています。そこでは「飛跡が現れた近傍は過剰分子数密度が低くなっているために，この飛跡に交叉するようにあとから現れた飛跡は，先行の飛跡の近くでは欠落した状態になることも説明できる」と結論しており，後から飛んだ飛跡が重なった部分で途切れるのは「前に飛んだ飛跡の凝結によって，凝結に必要なアルコール分子が不足するため」という本文中の見解を裏付けています。この論文の「過剰分子」とは、科学者が「過飽和状態の分子」と呼ぶものです。

霧箱内が静電気の道で一杯になると、過剰なアルコール分子の取り合いになるため、霧粒が成長するのに必要な〈過剰なアルコール分子〉が集められない状況になると考えられます。それが「静電気がたまると霧箱内で飛跡が見えなくなる」という現象で起きていることなのです。

●あとがき

この本ができたきっかけは 2011 年 3 月 11 日に起きた東日本大震災でした。その地震では福島第一原子力発電所の事故が起こり，福島県の海岸部を中心に原発から出た放射性原子が降り積もってしまいました。

私はその事故の何年も前から，学校の物理の授業で「放射線をどのように教えたらたのしい授業になるか」という研究をしていたので，放射線のことはある程度分かっているつもりでした。

事故の後，毎日のニュースで各地の放射線の量が報道され，日本中が大騒ぎになり，被災者に対する多くの差別や誤解が生まれました。

そんな状況だった 2011 年 3 月 19 日（土）のことです。長く研究仲間として付き合いのあった小林眞理子さんから「シーベルトに絞ったミニプランを作ってもらえないか」という依頼が来ました。その時の小林さんは中学校で理科を教えていて，地震後の授業で，ちょうど地層や地震のところだったのだそうです。その授業で中学 1 年生の子どもたちから「シーベルトって何？」という質問がどのクラスでも出たそうです。それで私に依頼が来たというわけです。小林さんは「原発の問題には踏み込まず,〈放射線〉というものの理解に限定したプランがいい」ということと「できれば急いで」ということだったので，それまでの物理の授業で考えてきたことをベースに土日で一気に授業プランを書き上げて，深夜に送りました。

その時，私は「今の状況で子どもたちに放射線の何を教えたら良いのだろうか」と考えました。そして，授業プランの目的にしたのは「身の回りの放射線を，いろいろな場所で比べて，予想を立ててもらって，実験結果は測って示す」というものでした。

これは当時の状況から「多くの人は〈放射線とは,特別なものから出る特別なものと思っている〉ということが騒ぎの元にありそうだ」と発見したからです。たとえば私が授業の中で「教室の中と外で放射線の強さは違うか」という問題を出して生徒たちに予想してもらうと，ほとんどの場合「外の方が強い」という予想が多数になります。これは「教室のコンクリートから放射線が出ている」ということを知らないためです。さらに「日なたと日陰で違うか」とか「花崗岩の壁はどうか」「地球上で放射線が強い場所はどれぐらいの強さか」などと聞いていくと，「放射線を出すものはどこでもある」ということや「地球上の放射線の強さはこれぐらい」というイメージができていきます。

専門家がいくら「自然放射線」のことを説明しても，具体的に自分のまわりの放射線がどの程度の数字になっているのか，どれぐらい量に違いがあるのか，予想を立てて，その予想（自分の常識）と実験結果（科学的事実）を対決させることなしに子どもたちが本当に実感できるようにはならないのです。そしてそれには「どんな問題をどんな順序で出していくか」という，子どもたちが科学的な概念や法則を取得していく過程の研究も必要です。それは1963年に板倉聖宣さん（1930−2018）によって提唱された仮説実験授業の理論の適用です。こうした研究を何年かしてきたので，小林さんの要請にもすぐに何とか対応できたという訳なのです。

さて，その時作った授業プランは小林さんがパワーポイントにして，小林さんの回りの研究仲間に紹介され，授業する人が増えていきました。幸いそのプランは子どもたちに楽しんでもらうことができ，福島の子どもたちからは「私たちをばい菌みたいに言う人がいて悲しかったけど，放射線がどこでもあることがわかって良かった」という感想をもらったときは，とてもうれしく思いました。それと共に多くの人が放射線に対して持っている偏見もわかって悲しいことでした。そのプランは2011年3月27日に行われた仮説実験授業研究会の緊急研究集会でも発表し，さらに多くの人に使われるようになりました。その時考えた授業プランの一部はこの本の第2章で使われています。

しかし一方で，私にはこの授業プランの限界も感じていました。それは「身の回りの放射線を目で見せることができない」という問題でした。その頃はまだ林さんの霧箱は知らなかったので，放射線測定器の数字（シーベルト単位の数値）で実験結果を示すことしかできませんでした。「やはり目で見るようにできたら，もっとおもしろい授業ができそうなのに」と思ったのです。それはこの本の冒頭のお話でも書きましたが，遠くの科学館にでも行かなければ無理なことでした。それに科学館の霧箱はあくまで展示用で，中でいろいろな実験をするようには作られていません。

それが2011年の秋に林さんの霧箱を知ったことで一気に変わったのはこの本に書いてきたとおりです。そこからは「身の回りの放射線のイメージ」だけでなく，それまで難しい物理の授業としか思われてなかった「原子の中の世界」も目に見せることが可能になったのです。

私は霧箱でラザフォードやキュリーたちの実験を再現しているうちに，100年前の科学者たちが何を考え，何を想像し，どうやって謎を解いていったのかを体験することができました。それは「気分はラザフォード」とでも言ったらいいでしょうか，彼らが新発見にワクワクしたのと同じ体験でした。

あなたも，この本を読んで少しでも「未知のなぞを探っていくワクワク」を感じていただけたら，著者としてこれ以上うれしいことはありません。

謝　辞

この本は多くの人の助けがあってできました。

特に小林眞理子さんには最初のきっかけをもらったことや，本の内容をチェックして，「これじゃわからない」と指摘してくれ，2011年以来ずっと私の研究を応援し続けてくれました。この本がみなさんに少しでも読みやすいものになったとしたら，それは小林眞理子さんのおかげです。

同じく研究会の仲間の平野孝典さんも，この数年の間私の研究に付き合ってくれて，研究を支えてくれました。また2014年の夏に名古屋大学を訪問した際には，林熙崇さんには霧箱の作り方について詳しくアドバイスをいただくことができました。京都大学国際高等教育院の舟橋春彦さんには専門的な立場から多くのアドバイスをいただき，文献の入手もずいぶん助けていただきました。

これらの方々には特に記して感謝したいと思います。

さらに私が作った最初の授業プランを授業にかけて，結果を教えてくださった多くの方々，私の自宅の近所にあって年中無休で霧箱実験に大いに貢献してくださった，浜松ドライアイス株式会社の皆様にも感謝いたします。

また，私の仕事を理解し，常に応援してくれて，福島県の被災地を始め各地の取材や実験に付き合ってくれたパートナーの加藤千恵子さんにも感謝いたします。

そして最後に，この仕事を研究会に紹介してくださり，本格的に研究を始めるきっかけを与えてくれた板倉聖宣さんにも感謝いたします。残念ながら板倉さんは2018年2月7日に亡くなり，この本を見せることができませんでした。

私たちはこれからも板倉さんが残してくれた「たのしい科学の伝統」を受け継いで，人々に伝えて未来につないでいこうと思います。この本がその一つになれば幸いです。

山本海行

山本海行（やまもとみゆき）

1960年，静岡県袋井市で生まれる。

1981年4月，静岡大学教育学部中学理科課程に入学。科学史に興味を持ち，大学図書館で『ミクログラフィア』を見つけ，翻訳者の板倉聖宣と仮説実験授業を知る。

1985年4月，静岡県立高校の理科教師となる。月刊誌『たのしい授業』（仮説社）で知った仮説実験授業研究会の入門講座や全国大会に参加するようになる。1987年，仮説実験授業研究会会員になる。2000年3月，気象予報士の資格を取得。2021年3月，県立高校を定年退職。2019年末よりインターネット上のフリー百科事典ウィキペディアに仮説実験授業や板倉聖宣の研究業績を反映した記事を書き始める。現在，たのしい授業学派の一員としてとして教育研究に携わっている。

著書：小林眞理子と共著『きみは宇宙線を見たか』仮説社

ペットボトルで作った

霧箱で見える放射線と原子より小さな世界

2023年3月27日 初版発行（2000部）

著者　山本海行

編集協力　小林眞理子／平野孝典

発行所　株式会社仮説社　kasetu.co.jp

〒170-0002　東京都豊島区巣鴨1-14-5 第一松岡ビル3F

☎03-6902-2121

　ISBN978-4-7735-0332-6 C0040

印刷・製本　シナノ印刷

用紙　カバー：コートA判T目86.5kg／表紙：Y2用紙AB判T目25kg／見返：色上質紙 四六判T目 厚口

本文：b7トラネクスト四六判T目71.5kg

仮説社発行の本

きみは宇宙線を見たか　霧箱で宇宙線を見よう

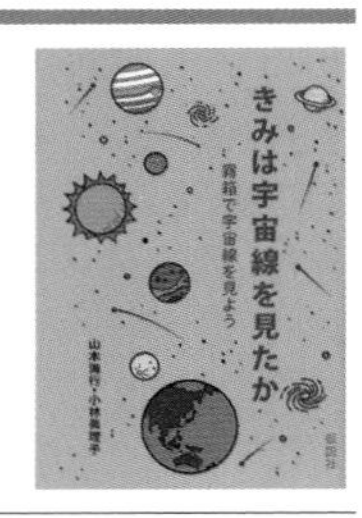

山本海行・小林眞理子 著　〈宇宙線〉って，何なの？　どこにあるの？　目に見えるの？　――本書は，そんな疑問を解き明かすだけでなく，原子よりも小さいという宇宙線をこの目で見てしまおうという本です。中学生でも読める内容になっています。

ISBN978-4-7735-0285-5　C0044

四六判 64 ペ〔初版 2018 年〕　**本体 1200 円**

原子論の歴史　誕生・勝利・追放

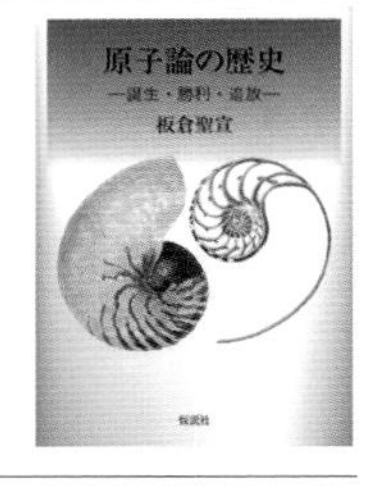

板倉聖宣 著　古代ギリシアで誕生した「原子論」は，広く古代の人々にも受け入れられていた。ところが，キリスト教の台頭によって「原子論＝無神論」は追放されてしまう…。原子論についての通説を覆し，ワクワクしながら読める，画期的な科学と哲学の歴史。

ISBN978-4-7735-0177-3　C0040

四六判上製 254 ペ〔初版 2004 年〕　**本体 1800 円**

原子論の歴史　復活・確立

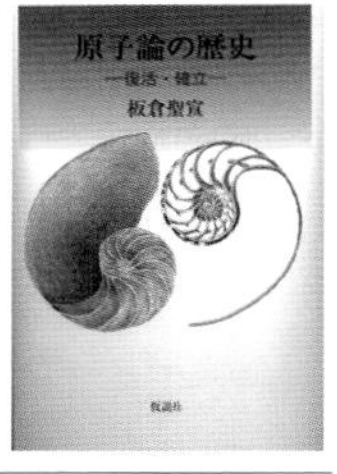

板倉聖宣 著　中世にキリスト教によって追放された古代原子論は，ルネサンスによって再発見され，「神」との共存を模索する人も。その後の「原子仮説」は最重要の科学知識として確立し，科学研究をリードすることになる。巻末に原子論の歴史の詳細な年表を付す。

ISBN978-4-7735-0178-0　C0040

四六判上製 205 ペ〔初版 2004 年〕　**本体 1800 円**

科学者伝記小事典　科学の基礎をきずいた人びと

板倉聖宣 著　古代ギリシアから 1800 年代までに生まれた大科学者約 80 人の伝記。彼らはなぜ「大科学者」と呼ばれるのか，その経歴，研究内容や時代背景を記す。「科学の発達史」としても通読できる画期的な事典。「科学者分類索引」や科学者の関係地図・参考文献も。

ISBN978-4-7735-0149-0　C0040

Ｂ６判 230 ペ〔初版 2000 年，2009 年改訂〕　**本体 1900 円**

科学はどのようにしてつくられてきたか

板倉聖宣 著　今日の普通の日本人が持っている科学知識，自然観・科学観はどのようにして形成されてきたのか。本書の主役は西洋の大科学者ではなく，日本のごくふつうの人々＝「庶民」。庶民の常識と科学の関係を掘り起こした日本人のための科学史。

＊三省堂オンデマンド，Amazon オンデマンドで販売

Ａ５判 264 ペ〔初版 1984 年〕　**本体 2400 円**

＊表示されているのは 2023 年 3 月現在の税別価格です

仮説社発行の本

新版 科学的とはどういうことか　いたずら博士の科学教室

板倉聖宣 著　「砂糖水に卵は浮くか」「鉄1kgとわた1kgではどちらが重い？」など，誰でも考えてしまうような問題と手軽に確かめられる実験を通して，〈科学とは何か〉〈科学的に考え行動するとはどういうことか〉が実感できるロングセラーの新版。

ISBN978-4-7735-0292-3　C0040

四六判 264 ペ〔初版 2018 年〕　**本体 1800 円**

仮説実験授業のABC　第5版

板倉聖宣 著　いつもそばに置いておきたい基本の一冊。仮説実験授業の基本的な発想と理論，授業運営法，評価論，そして授業書の内容紹介と入手法まで。さらに，初めて授業する人のための親切なガイド・藤森行人「授業の進め方入門」も収録。

ISBN978-4-7735-0229-9　C0037

A 5 判 184 ペ〔初版 1977 年，改訂第 5 版 2011 年〕　**本体 1800 円**

仮説実験授業　授業書〈ばねと力〉によるその具体化

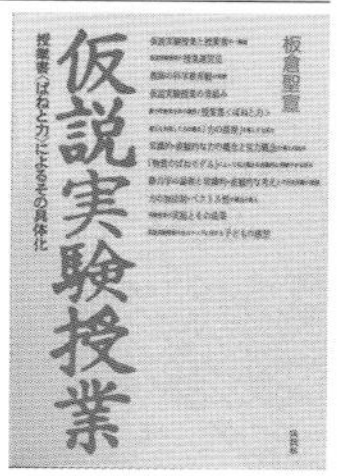

板倉聖宣 著　教育改造の理論としての仮説実験授業。そのあらゆる側面について，もっとも具体的かつ徹底的に論じ，教育研究を「実験科学」として確立した労作。授業書〈ばねと力〉の全文と「教育観テスト」も掲載。

ISBN978-4-7735-0003-5　C0037

四六判 278 ペ〔初版 1974 年〕　**本体 2500 円**

板倉聖宣の考え方　授業・科学・人生

板倉聖宣・犬塚清和・小原茂巳 著　板倉聖宣さんの著書や講演記録から，ルネサンス高校グループ名誉校長の犬塚清和さんが 30 のテーマを厳選して紹介。それぞれのテーマについて，犬塚さんと小原茂巳さん（明星大学常勤）が分かりやすく解説を添えています。

ISBN978-4-7735-0288-6　C0037

四六判 200 ペ〔初版 2018 年〕　**本体 1800 円**

科学と科学教育の源流　いたずら博士の科学史学入門

板倉聖宣 著　科学教育がはじまる前，人びとはどのように科学知識を学び取っていたか？ 近代科学発祥の地・ヨーロッパを舞台に，科学がどんな人々によって，どのように生まれ育てられてきたかを見る。新発見に満ちた科学史の本。

ISBN978-4-7735-0271-8　C0040

四六判 300 ペ〔初版 2000 年〕　**本体 3000 円**

＊表示されているのは 2023 年 3 月現在の税別価格です

仮説社発行の本

大きすぎて見えない地球 小さすぎて見えない原子
科学新入門上

板倉聖宣 著　「自分は科学に弱い」と思いこんでいる先生やお母さん，子どもたちに向けて，科学の面白さを知ってもらうために書かれた名著。予想をたてながらお話を読み進むうちに，科学の楽しさにひきこまれます。ISBN978-4-7735-0273-2　C0040

四六判 210 ぺ〔初版 2005 年〕　**本体 2000 円**

原子とつきあう本　原子（元素単体）のデータブック

板倉聖宣 著　これまであまりにも複雑に考えられてきた原子結合のしくみが，独創的な立体周期表と原子模型の考案によって，誰にでもわかるようになりました。原子の重さ・大きさ・性質・単体の融点・発見年代のデータだけでなく，名前の語源，記号の覚え方，値段等々までをたのしく学べます。ISBN978-4-7735-0061-5　C0040

A5 判 142 ぺ〔初版 1985 年〕　**本体 2000 円**

もしも原子がみえたなら　絵本

板倉聖宣 著／さかたしげゆき 絵　この宇宙のすべてのものは原子でできています。 石も，紙も，水も，鉛筆も，そしてもちろん人間のからだも。 小さすぎて見えないはずの原子の世界を，もしも目で見ることができたなら，そこにはどんな世界がひろがっているでしょう？　ISBN-4-7735-0210-7　C8743

A4 変形判 48 ぺ〔初版 2008 年〕　**本体 2200 円**

わたしもファラデー　たのしい科学の発見物語

板倉聖宣 著　ファラデーは数学ができなくても，豊かなイメージを武器に次々と世界的な大発見をなしとげました。これまでどの本にも取り上げられていない発見についても紹介。ファラデーの魅力と仕事をもっともよく伝える１冊！

ISBN978-4-7735-0175-9　C0040

Ｂ６判 188 ぺ〔初版 2003 年〕　**本体 1800 円**

煮干しの解剖教室

小林眞理子 著　「煮干し」を割って見ると何があると思いますか。小さい体の中にちゃんと目やエラや脳や内臓があります。本書は，沢山の写真で解剖の手ほどきをします。手で割りほぐすだけでできる「煮干しの解剖」。やってみませんか。

ISBN978-4-7735-0221-3　C8340

Ｂ５判変形 36 ぺ〔初版 2010 年〕　**本体 1500 円**

＊表示されているのは 2023 年３月現在の税別価格です